U0443163

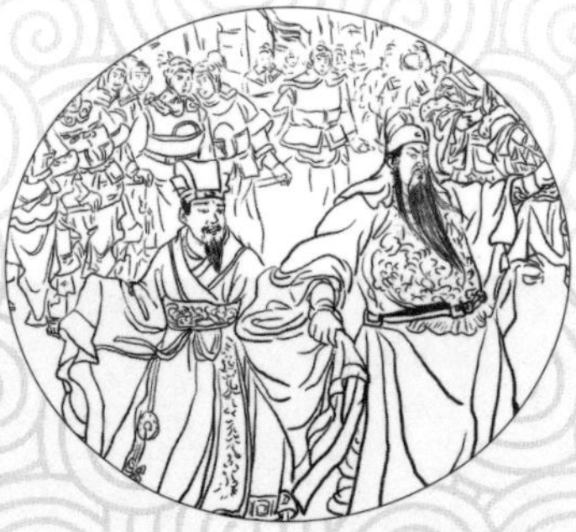
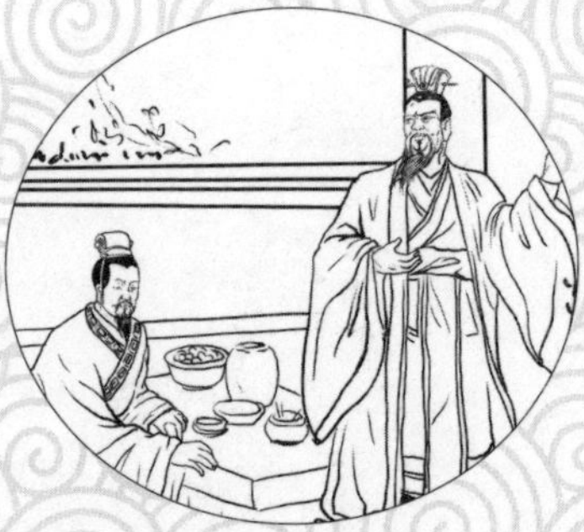
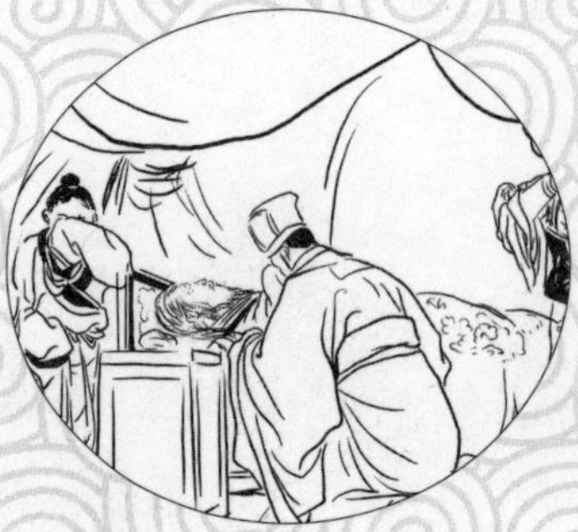
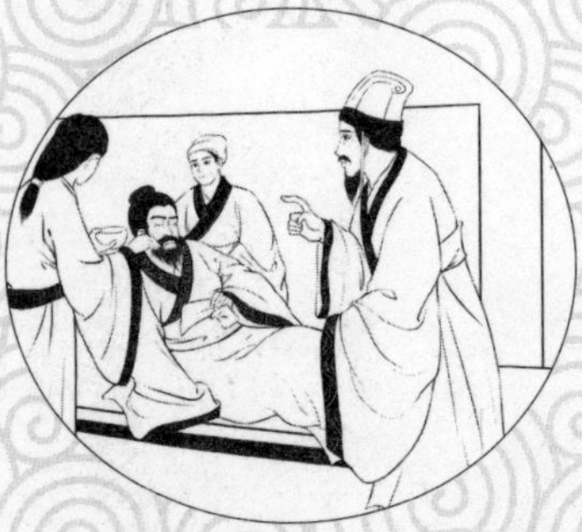
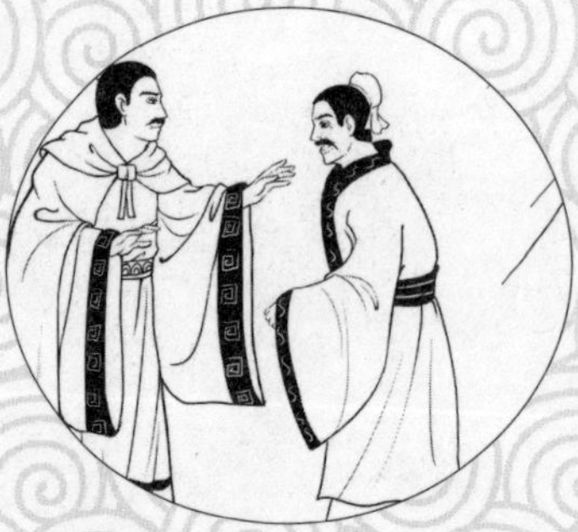
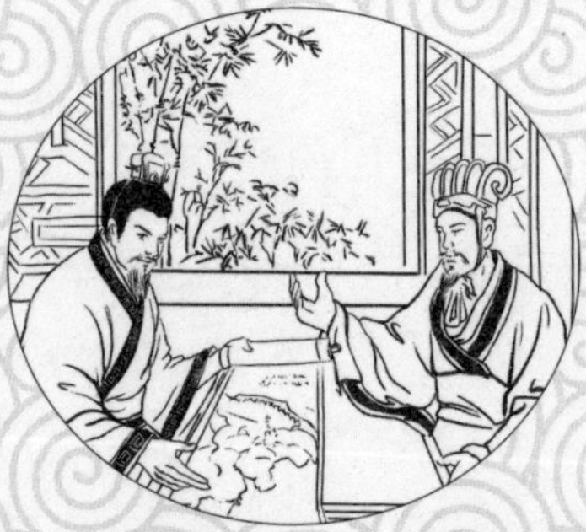
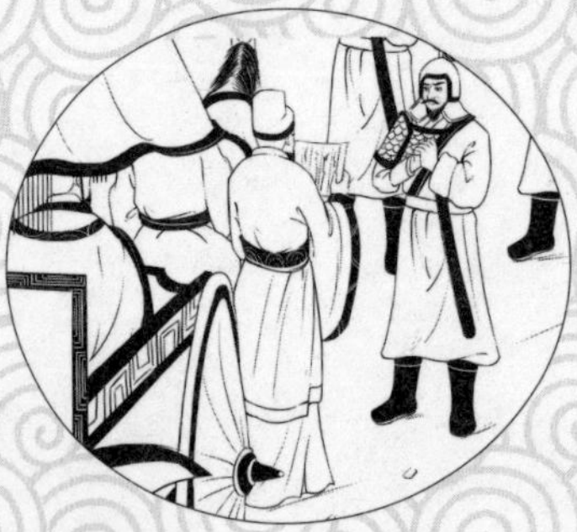
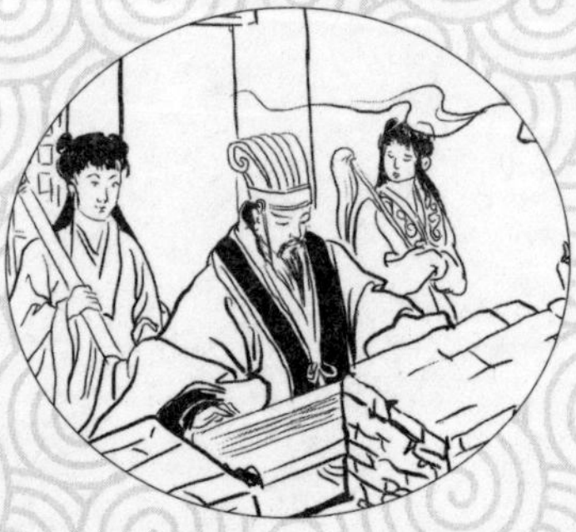

变局九略

凉月满天 著

中华工商联合出版社

图书在版编目（CIP）数据

变局九略 / 凉月满天著. -- 北京：中华工商联合出版社, 2025. 1. -- ISBN 978-7-5158-4174-8

Ⅰ. B848.4-49

中国国家版本馆 CIP 数据核字第 202466F6Z0 号

变局九略

作　　者：	凉月满天
出 品 人：	刘　刚
责任编辑：	吴建新　林　立
装帧设计：	荆棘设计
责任审读：	郭敬梅
责任印制：	陈德松
出版发行：	中华工商联合出版社有限责任公司
印　　刷：	三河市众誉天成印务有限公司
版　　次：	2025年1月第1版
印　　次：	2025年1月第1次印刷
开　　本：	710mm×1000mm　1/16
字　　数：	160 千字
印　　张：	10
书　　号：	ISBN 978-7-5158-4174-8
定　　价：	68.00 元

服务热线：010—58301130—0（前台）
销售热线：010—58302977（网店部）
　　　　　010—58302166（门店部）
　　　　　010—58302837（馆配部、新媒体部）
　　　　　010—58302813（团购部）
地址邮编：北京市西城区西环广场 A 座
　　　　　19—20 层，100044
http://www.chgslcbs.cn
投稿热线：010—58302907（总编室）
投稿邮箱：1621239583@qq.com

工商联版图书
版权所有　侵权必究

凡本社图书出现印装质量问题，请与印务部联系。
联系电话：010—58302915

前言

前头有车，后头有辙。

前事不忘，后事之师。

历史车轮滚滚向前，世道的大纲细目却总有据可循。所以，本书拨开历史的烟尘，撷取过往人与事，探寻我们的前人在面临种种变局之时，会如何思考，如何行动，以及这些行动所带来的后果与结局。以此为鉴，旨在为当前职场或生活面临变化，身处迷茫之中的朋友们，提供一些切实可行的思考方式和做事思路。

本书共分九个章节。

第一章是鼓励人们不要怕，世事再变，万变不离其宗，自己的心定了，才能不被时代的浪潮打晕。

第二章是告诫人们不要乱，面对变局，心中早有预料，也早有腹案，这样就能够咬定青山不放松。

第三章是提醒人们不要等，时机到来的时候，不要犹疑，下手要稳、准、狠。

第四章是安抚人们不要急，时机未到的时候，落子布局要慢慢来，毛毛躁躁难成事。

第五章是警告人们不要愚，变局当前，不要死心眼，胶柱鼓瑟，以老经验对付新问题，而是要打开思路，不管黑猫白猫，总得要它能够逮住耗子。

第六章是鼓励人们要勇敢，当和危机狭路相逢时，一步不退，方能赢得转机。

第七章是向人提出预警，面对自己人生进程中的种种障碍，不要心慈手软，要像秋风扫落叶一般。

第八章是温和地提醒大家，当问题难以解决的时候，不必非要"卷"得死去活来。换一种思路，换一种活法，也许是很不错的事。

第九章则是对读者朋友语重心长的安慰：即使失败了，即使面临失意和打击，不要徒劳无益地后悔，及时总结经验教训，爬起来，拍拍土，人生还是要走下去，而且还应该过得有意义。

在这九个章节里的所有小故事中出场的，几乎都是我们过往数千年历史长河中，做出过光辉功业的英雄智者。他们的生命虽然已经消逝，但他们的宝贵人生经验却被打捞上来，陈列在前，犹如珠玉，给予后人面对变局时无限的勇气和智慧。

目录

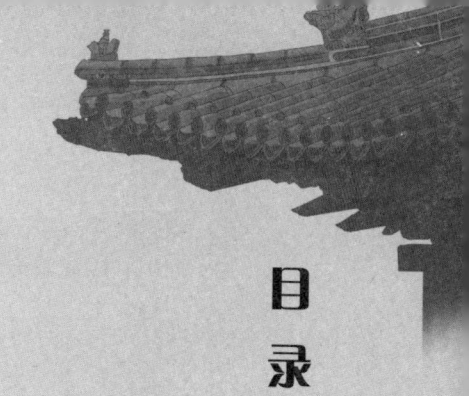

第一章 不要怕，万变不离其宗
——变局中要保持战略定力

管仲看清大势，因势利导 / 2

上兵伐谋，孙武因势利导，攻心夺人 / 4

范雎有定力，装死成大业 / 6

刘邦明白百姓需要什么，才有约法三章 / 8

刘邦看得清自己缺什么，破格拜韩信 / 10

司马朗能看清自己的诉求，应变有方 / 12

杨坚看清时势，审时度势以应变 / 14

青梅煮酒藏杀机，风雷落箸巧掩饰 / 16

朱元璋看清别人需求，访贤得三策 / 19

第二章 不要乱，胸有丘壑立得住
——变局中要有大局观念

晏婴出使遭讥嘲，不卑不亢稳得住 / 22

乱丛渐欲迷人眼，燕王哙搞"禅让" / 23

大丈夫能屈能伸，蔺相如主导一出将相和 / 26

乱局当前，慎子计保国土 / 28

赵奢胸中自有定计，故意示弱，痛击秦军 / 30

花团锦簇之时，张良低调以求全身而退 / 32
背靠大树好乘凉，曹操高举五色棒 / 33
面对乱局不慌乱，程立反向操作夺城 / 35
伴君如伴虎，徐达一生低姿态 / 36

第三章 不要等，看准时机秋点兵
——变局中一击而中的出手攻略

该出手时就出手，毛遂自荐 / 40
出手就要稳准狠，勾践灭吴 / 42
既看准时机又了解对手，孙膑杀庞涓 / 44
能屈能伸，冒顿单于灭东胡 / 46
打蛇打七寸，傅介子万里斩杀楼兰王 / 47
抓住时机不能等，桥玄办案 / 50
孤注一掷，寇准"逼"真宗亲征 / 51

第四章 不要急，时机未到下慢棋
——变局中步步为营的成事策略

疲敌之计，伍子胥"三师肆楚" / 56
放长线钓大鱼，"奇货可居"吕不韦 / 57
李牧示敌以弱，骄兵之计大破匈奴 / 59
不要急，刘秀步步笼人心 / 61
刘备百忍下慢棋 / 62
困境当前，韩信明修栈道，暗渡陈仓 / 63
时机未到，司马懿收力蓄势，猛兽伏草 / 64

收放之间，主动权在我，曹操驱虎吞狼 / 67

将门虎子赵匡胤小心谨慎，步步为营 / 68

不露声色，隐忍待时，徐阶一举扳倒严嵩 / 71

忍辱负重，李东阳除刘瑾，正朝纲 / 72

第五章　不要愚，打开思路以变应变
——变局中解决难题要善用谋略

鄢陵之战，晋国骑兵营内列阵 / 76

于败局中看出胜招，管仲劝齐王"吃亏是福" / 78

封倮誉清：大政策下小灵活，因地制宜搞机动 / 79

迷局中看清前路，陈胜、吴广鱼腹藏书，狐狸夜鸣 / 81

一出离间计，陈平除范增 / 83

汉代推恩令：与其削藩成仇，不如分封结恩 / 84

面对人情汹汹，司马懿与魏明帝隔空合谋"拖"字诀 / 86

面对突厥铁骑，李渊巧用空城计和疑兵计 / 88

第六章　不要退，狭路相逢勇者胜
——变局中要有顶着压力勇往直前的胆略

面对强敌不退缩，武王伐纣灭商 / 92

为实现政治理想，商鞅"死战不退" / 93

不惜捐身救国难，唐雎不辱使命 / 95

狭路相逢，卫青、霍去病大胜匈奴 / 97

面对强盗，朱晖"童子内刀" / 99

幼子被绑架，桥玄不妥协 / 100

有胆有识方为勇，常胜将军赵子龙 / 101
有谋有略方为智，诸葛妙计安天下 / 103
对手越强，斗志越勇，冉闵建立冉魏政权 / 105

第七章 不要留，用霹雳手段扫除一切隐患
——变局中要有彻底解决问题的决心

手上不狠，后患不清，郑伯克段于鄢 / 108
心里不狠，地位不稳，芈月杀义渠王 / 110
一招制敌，范雎黄金外交破合纵 / 111
白起"杀神"，火烤城门 / 113
既立信又立威，商鞅为变法手段尽出 / 114
为防后患，刘邦打着劳军的旗号，收缴军权 / 116
明犯强汉者，虽远必诛，陈汤远征驱匈奴 / 117
赵匡胤灭南唐，卧榻之侧，岂容他人鼾睡 / 118

第八章 不要卷，换一种思路换一片天
——变局中要有另辟蹊径的眼光

管仲对内鼓励粮食生产，对外大搞"丝绸革命" / 122
萧何为免遭上位者猜忌，自污以自保 / 123
要有另辟蹊径的眼光，张良献计请商山四皓 / 125
甘当第二梯队，"萧规曹随"中曹参的智慧 / 127
要有不与人争的豁达，大树将军冯异不争功 / 129
张堪打仗开荒两不误，既御外侮，又富民生 / 130
司马懿顺水推舟，破孙刘联盟 / 131

庙小妖风大，朱元璋自招兵马 / 132

强兵劲敌之下，铁铉一幅画像守城池 / 134

汤和交权抽身，免遭屠戮，得保尊荣 / 135

第九章 不要悔，从败局中找到制胜路
——变局中总结经验与教训的要略

遭受劫难，志气不堕，文王拘而演周易 / 138

饱受打击不失望，姜子牙八十辅周 / 139

田忌赛马，败中要有求胜之决心 / 141

知错就改，浪子回头，周处除三害 / 142

身处困境，坚定信念，苏武牧羊十八载 / 143

司马迁重刑加身，身残志坚写《史记》/ 145

李世民从谏如流，以史为鉴知兴亡 / 146

第一章 不要怕，万变不离其宗
——变局中要保持战略定力

在历史的洪流中，变局层出不穷，但根本之道始终如一。面对纷繁复杂的局势，我们应保持战略定力，铭记『万变不离其宗』的古训，以稳健的步伐应对挑战，开创未来。

管仲看清大势，因势利导

春秋时期，周王室权威渐衰，诸侯国群雄并起，竞相逐鹿，皆欲问鼎中原，成为"诸侯之长"。在这纷扰复杂的局势下，齐国丞相管仲以其超凡的智慧与远见卓识，犹如灯塔般照亮了齐国的航向。

管仲不仅头脑冷静，洞察时局，更善于因势利导，顺势而为。在他的辅佐下，齐国国力日益强盛，齐桓公雄心勃勃，欲图霸业。

然而，面对同样雄心勃勃且实力雄厚的楚国，简单的武力征服显然并非上策，恐将引发诸侯间混战，最终鹬蚌相争，让周边虎视眈眈的列国坐收渔翁之利。因此，即便军中多位将领请缨出战，管仲仍力排众议，坚持认为应以智取胜，而非硬碰硬。

他知道"群狼环伺"的处境，明白在如此微妙的平衡中，任何轻举妄动都可能打破现有的力量格局，为齐国带来不可预知的后果。他运用其睿智的头脑，构思出一个极为精妙的策略——发动一场经济战。

于是，齐国商人如潮水般涌入楚国，利用楚国丰富的自然资源，特别是适合鹿群繁衍的茂密山林，开始大肆收购鹿，并对外宣称齐桓公对鹿情有独钟，愿以重金收购。

这一消息迅速在楚国商界传开，引发了巨大的轰动。楚国本土的商人们见状，纷纷加入这场购鹿的狂欢，他们低价从猎人手中收购鹿，再转手高价卖给齐国商人，从中赚取丰厚的差价。一时间，鹿价飙升，原本两个铜币便能轻松购得一头鹿，如今价格竟翻了数十倍，乃至上百倍，许多人因此一夜暴富。

受此利益驱使，原本勤勉耕作的农民也按捺不住心中的贪念，纷纷放弃农田，转而投身于上山捕鹿的行列之中。就连楚国的官兵也受到了这股风潮的影响，他们开始忽视军事训练，私下里偷偷上山捕鹿，企图分得一杯羹。

楚国军事与经济的日渐荒废，正是管仲所乐见的。他继续推高鹿价，进一步激发了楚国上下捕鹿的欲望。这种恶性循环之下，楚国的军事力量逐渐削弱，农田荒芜，粮食减产，士兵们也因长期脱离训练而战斗力大减。

楚成王及其大臣们，眼见齐桓公为鹿一掷千金，似乎不顾国家根本，心中暗自窃喜。他们联想到往昔卫懿公因痴迷养鹤而导致国家覆灭的惨痛教训，认为齐桓公同样是在玩物丧志，齐国灭亡指日可待。于是，他们便抱着坐山观虎斗的心态，静待齐国自取灭亡。

然而，在这看似楚国乡野沸腾、朝堂上下皆大欢喜的背后，形势却悄然发生了逆转。齐国并未如楚国所料般走向衰败，反而利用这一经济战策略，巧妙地削弱了楚国的国力，为自身的崛起创造了有利条件。楚国则在一片欢腾与盲目自信中，逐渐陷入了危机四伏的境地。

由于齐国势力的崛起，除楚国外，其余诸侯国均不敢轻易与齐国抗衡，这使得楚国陷入了一个极为尴尬且危险的境地。楚国因沉迷于捕鹿之利，导致田地荒废，粮食减产，国内粮食储备迅速告急。

楚国虽然从齐国赚取了大量钱财，但在急需粮食之际，却发现这些钱财难以转化为救命的粮食。原来，管仲早已预料到这一步，他联合诸侯国不再与楚国进行粮食交易，彻底切断了楚国的粮食来源。

楚国顿时陷入了一片混乱之中，民众因饥饿而心生不满，军心也因缺乏粮食而涣散。楚国上下如同一盘散沙，无法有效应对即将到来的危机。

就在这时，管仲联合了各路诸侯联军，声势浩大地向楚国逼近。面对如此强大的联军，楚成王意识到抵抗已是无望，只能被迫选择低头求和。从此，齐国在管仲的智谋引领下，成功确立了其霸主地位，而楚国则不得不尊奉齐桓公为盟主。

智慧精要：

春秋时期，各国纷争不断，历史掀起滔天波澜。如此混乱的大局中，管仲智慧与策略并重，既重权谋，又懂人性；既看得清大势，又有引导大势的手腕。诸国犹如棋子，他置身棋局，每落一子，都能够牵引大势，乃真英雄也。

上兵伐谋，孙武因势利导，攻心夺人

孙武，作为春秋时期的杰出军事家，其名声远播，被后世尊称为"孙子"，更享有"兵圣""百世兵家之师"及"东方兵学的鼻祖"等崇高赞誉。他所撰写的《孙子兵法》，不仅是中国现存最早的兵书，更是世界军事思想宝库中的瑰宝，对后世产生了深远的影响。

孙武出身于陈国的贵族家庭，后因避乱而投奔吴国。在吴王阖闾即位后，得益于伍子胥的多次举荐，孙武得以被吴王任命为将军，从此在军事领域大展拳脚。

当吴王阖闾向孙武征询伐楚的意见时，他面临的无疑是一个巨大的挑战。楚国，作为当时的强国，不仅国力雄厚，而且军队精锐、将领众多。相比之下，吴国若欲伐楚，无异于以卵击石，尤其是在客场作战、逆流仰攻的不利条件下，更是难上加难。

然而，对于这样的考验，孙武并未退缩。他深知，作为将领，不仅要具备勇武之气，更需拥有超凡的智慧和谋略。因此，他运用自己的军事才能，为吴王阖闾精心策划了一系列战略战术，旨在以最小的代价实现最大的胜利。

孙武分析了敌我双方的状况，提出"兵乃凶事，不能妄动干戈"的总体思想后，又做出分三步走的战略规划：

一是加强本国国势，加强练兵；

二是离间楚国和其盟友之间的关系，把这些盟友拉到我们这边来，使他们为我所用；

三是想办法搅乱楚国上层，特别是对骄横的令尹囊瓦，要拼命捧杀，纵其气焰，使其心大生乱。

为了达到以上三个战略目的，不妨打一打小仗，比如说可以发兵吴楚边境的舒地，吴王僚的两个儿子也在那里，我们既可以诛杀此二子，也可以凭此彰显我吴国国威。

这里需要说明的是，吴王僚和吴王阖闾是堂兄弟，吴王僚在位时，被阖闾派专诸刺杀，此后阖闾上位；而吴王僚的两个儿子就是被斩草除根的对象，他们在父亲死后带着一部分吴国兵士投奔楚国，楚王派他们驻守楚国边境之地的舒城。

阖闾于是命孙武领兵夺取舒城。

孙武经过一番仔细谋划，方才领兵出征，智取舒城。

出发前，孙武对将士做动员，说："驻守在舒城的吴兵都是身不由己的可怜人，只要他们肯返回吴国，我不但会饶他们一命，还会送他们回家乡。如果他们能够带着楚兵的首级出城，或者在破城时立功，我还要重重赏赐他们。"

孙武说的话很快就传到了舒城。

孙武率领大部队出发了，但出乎所有人意料的是，他并没有以一往无前、席卷一切的气势急行军，而是走得慢慢悠悠。

好不容易到达舒城，又不忙着进攻，而是于城外数里处驻扎不动。

就在所有人都摸不清他在做什么的时候，不过短短两天，城中就发生了激烈的内乱。城内守军互相残杀，吴兵乘乱纷纷逃出城。

孙武一看，当即下令：进攻！

吴军掩杀而至，而城里的吴兵也像商量好的一样，大开城门迎接孙武入城。

就这样，原本需要经历一场场血战的吴军，竟不费一兵一卒，就拿下了舒城。

而且进城后，人们发现楚军死伤枕藉，都是被吴王僚的两个儿子带去的吴兵杀死的，就连这两个儿子也是被自己的士兵杀死的。

智慧精要：

孙武打仗，因势利导，攻心为上，所以就费了些粮草，却得了一座城池，为吴王阖闾伐楚的大计划开了一个很好的头。这就是他一直倡导的上兵伐谋——他的著作《孙子兵法》中说："上兵伐谋，其次伐交，其次伐兵，其下攻城。攻城之法，为不得已。"他一直在贯彻这一思想。

范雎有定力，装死成大业

范雎，字叔，战国时期魏国人，著名政治家、军事谋略家，秦国宰相，因封地在应城，所以又称为"应侯"。

司马迁在《史记·范雎蔡泽列传》中说："范雎者，魏人也，字叔。游说诸侯，欲事魏王，家贫无以自资，乃先事魏中大夫须贾。"可见此人家贫，虽有经天纬地之才，怎奈无进身之阶，只能屈身侍奉昏聩狭隘的小人——魏国中大夫须贾。

须贾奉魏王之命出使齐国，范雎作为随从一起前往。在外交场合中，范雎仗义执言，施展出了才能与勇气，因此得到了齐王的重视，以金十斤与牛酒相赠。范雎谢而不受。

须贾回国后，却栽赃说范雎受齐襄王青睐，是因为他里通外国，出卖魏国的机密，所以魏国的相国魏齐不问青红皂白，对范雎一通严刑拷打。

范雎被打得遍体鳞伤，肋折齿落。为了活命，屏息僵卧诈死，被弃茅厕，又遭粪尿淋身。

奄奄一息的范雎对看守厕所的人哀求："公能出我，我必厚谢公。"看守厕所的人请示魏齐扔掉厕所里的死人，魏齐同意，范雎于是捡回一条命，化名张禄，藏匿于朋友郑安平的家里。

当时恰好秦国的王稽在魏国出使，郑安平向王稽推荐范雎，王稽识得范雎是个人才，约好在魏国京郊三亭之南等待，待王稽经过此地，二人乘车直奔秦国，抵达咸阳。

王稽向秦昭王汇报此事，举荐范雎，秦昭王嬴稷不置可否。当时秦国国力大盛，不缺人才，范雎在下等客舍中等了一年多。

直到秦国大臣魏冉兴兵跨韩魏而攻齐，夺取刚寿二地以扩大自己的封邑，才引来范雎向秦昭王写信，信中请求能见到秦昭王，有逆耳忠言奉上，因为魏冉是秦太后之弟、秦昭王的舅舅，位列穰侯，昭王无权过问。

这封信打动了秦昭王，秦昭王便在郊外的离宫私见范雎。范雎入离宫，装傻子，直愣愣闯过去，秦昭王从对面被簇拥而来，他也不趋不避。众人怒斥："大王已到，为何还不回避！"

范雎反唇相讥："秦安得王？秦独有太后、穰侯耳。"

这一句话戳了嬴稷的心，于是他屏退左右，向范雎问计。

范雎献上良策：对外"远交近攻"，对内"强干弱枝"。所谓的"远交近攻"，说白了，就是距离自己国家远的国家，就用来交好；对自己国家旁边的国家，就进行攻打；所谓的"强干弱枝"，就是削弱国内权臣和贵族的实力，加强国君的实力。

好一个远交近攻，为秦国统一天下奏响了全面进军的胜利号角；好一个强干弱枝，使嬴稷彻底摆脱了秦国人皆知太后、穰侯而不知昭王的尴尬局面。

秦国能够快速强盛，统一六国，范雎功不可没。他也因为功劳巨大而位极人臣，被拜为秦相。至于此后范雎先羞辱仇人须贾，又迫使魏齐自尽，又举荐恩人郑安平出任秦国大将，帮助王稽出任河东守，乃至逼死白起，都是后话了。

> **智慧精要：**
>
> 范雎因为自己的才能出众但身份低微，经历了一场生死大劫。先是因为"出头冒尖"而被家主嫉恨与污蔑，又被当权者不分青红皂白暴打濒死。在生死攸关之际，范雎都能够保持神智清明，没有乱了分寸，以极强的求生欲装死逃出生天，这就是他的强大定力。
>
> 厄运当头，不能慌了心神手脚，不能怯弱到闭眼待死。世道严酷中，挣扎求生，才能在大难不死之后，迎来光明。

刘邦明白百姓需要什么，才有约法三章

刘邦和项羽争霸天下，两者约定，谁先入咸阳谁当王。刘邦的大军于公元前 207 年十月抵达灞上，秦王子婴开城出降。

大秦亡，刘邦先入了咸阳。

但是，他不敢捋虎须，违逆势力强大的项羽，只好在谋臣的建议下，退出咸阳，撤军灞上，以待项羽入城称王。

可民心他是一定要争取过来的。于是，他召集当地名士，倾听民间呼声。

乱世之中，百姓最希望能够有一个安定的生活环境，而不是没有秩序，乱作一团地打砸抢、杀人、越货。于是，刘邦就摒弃了烦琐的律法规条，只针对着当前乱象，和百姓们约法三章："杀人者死，伤人及盗抵罪，余悉除去秦法，诸吏民皆安定不动。"

"杀人者死，伤人及盗抵罪"这一条，一方面约束的是民间乱象，一方面却是更加强力地约束自己的军队，使得百姓在天下大乱和大军压境的态势下，也能够把心放进肚子里，安心生活和生产。

"余悉除去秦法"更是深得民心。秦法严苛琐细，百姓动辄受刑致残，苦不堪言。比如以前，两个人走在路上，只能互相点头示意，两个熟人打打招呼，说两句家常，都可能被砍头（"偶语者弃市"）；想就某些政令发两句牢骚，那就一大家子都被杀头（"诽谤者族"）；焚书、坑儒、禁私学，这些就不必说了。

秦法一废，百姓欢呼。现在，就简简单单三条红线：不允许杀人，不允许伤人，不允许偷盗。杀人偿命，这是古来定律，没什么好说的；你伤了人家，偷了人家东西，该怎么抵怎么抵，该怎么罚怎么罚，这样就松快多了，民心就自然到了刘邦这边。

"诸吏民皆安定不动"，则是告诉人们，我们只推翻秦朝暴政，余者基本上秋毫无犯，不会穷折腾、乱折腾，不会损害大家的利益，不会干扰大家的生活。

就这样，"约法三章"一出，百姓感激涕零，争相羊酒犒军，刘邦又不受："军粮够吃，不能破费黔首。"百姓听了，又高兴又担心——生怕别人来当这秦地之王。

汉朝后来建都关中，国祚绵长，和最初打下的民心基础深刻相关。

智慧精要：

刘邦约法三章，就是要告诉民众："我是与汝等为善的，不会像暴秦那样，对你们苛酷虐待，所以你们放宽心，好好拥护我即可。跟着我有好日子过。"民众所求，不就是这个吗？所以刘邦就成为民心所向。

刘邦面对的是厮杀争斗的变局，一切形势都不明朗。在这种情况下，他仍旧能够抓住事态的关键点。看得准，拎得清，这是他能够称帝的一大原因。

刘邦看得清自己缺什么，破格拜韩信

韩信是中国历史上杰出的军事家、战略家、战术家、统帅和军事理论家，可以说是中国军事思想"谋战"派代表人物。

这么说吧，"王侯将相"韩信一人全任，"国士无双""功高无二，略不世出"是楚汉之时人们对他的评价，可见他的人望之众，评赏之高。

此人年少时是个穷孩子，而且甘愿忍受胯下之辱，被乡里邻人讥为胆小鬼、无能鼠辈。

公元前209年，陈胜、吴广揭竿而起，韩信佩剑从军，却没人拿他当回事。他后来到了项羽的阵营里，仍旧不受重用——项羽出身贵族阶级，对于出身不好的人自带鄙视链，所以韩信"数以策干项羽，羽不用"。

于是他又"跳槽"，转投刘邦。刘邦起初也不把他当回事，就任命他做了个"连敖"，就是负责迎来送往的接待员。也有人说韩信做的是管理仓库的小官。

他后来结识了刘邦帐下爱将夏侯婴，得了夏侯婴的举荐。刘邦为了给夏侯婴面子，但也只不过封了他一个治粟都尉——相当于现在的司务长，实际上也没怎么把他当一回事。这下子韩信真绝望了，只觉天大地大，没有他韩信一展抱负之地。

正值刘邦新败，手下一些眼皮活络的人相继离开，或投奔项羽，或自扯大旗，韩信干脆也走了。萧何早就知道将士逃跑的事，谁都没拦，现在听说韩信逃跑，大惊失色，连向刘邦报告一声都顾不得，便抢了一匹马就一路追下去了。

萧何这么一搞，兵士们大惊失色，冲进刘邦的王宫内大声报告："汉王，不好了，丞相逃跑了！"

萧何追了两天，才追上韩信，把他拉了回来。一回来刘邦就揪住萧何质问，萧何解释说自己没有逃跑，自己是追韩信去了。刘邦气得跳起来："那么多将军跑了你不追，你追这么一个小卒子干什么！"

萧何说："那么多将军跑了算什么，这一个小卒子跑了，汉王你的天下就没了！"

刘邦不信，萧何说："你要是想一辈子当这个汉王，那你就别信我。你要是想打天下，当皇帝，那就听我的。"

刘邦说："我当然听你的。"

萧何说："那你就封他个官吧。"

刘邦说："好，我封韩信为将军。"

萧何说："不行，你今天封他为将军，明天他还跑。"

刘邦说："那意思是我还得给他封个大将军了？"

萧何说："好啊，好啊，就这么办吧。"

于是韩信就当上大将军了。

大将军者何？全军最高统帅。

而且刘邦还给韩信弄了一个无比威风的仪式——封坛拜将。就是万众瞩目之下，斋戒，设坛，隆重地拜他为大将军。

汉王拜将，所有觉得自己有资格、有实力的人心里都存有一份希冀，三军将士也都私下猜测会是谁，结果谁也没想到拜出来的大将军是韩信。

此人一向不受重视，且未立过军功，结果当然是舆论大哗。但同时，也给那些出身不好的将士们一剂强心针：跟着刘邦，可搏功业名位！于是军心大定。

将是拜了，但是此后很长一段时间，他对韩信仍旧是不肯重用的。直到彭城之战后，收拢散兵，阻绝楚军，韩信首次崭露头角，刘邦才开

11

始确信,丞相说得没错,此人确有经天纬地之才。于是他说:"寡人与你,真是相见恨晚。"

其实他说这话的时候,也没想到韩信居然有那么大的本事,真的帮他做上了皇帝。楚汉战争中,韩信屡出奇谋:暗渡陈仓、大战荥阳、破魏平赵、收燕伐齐、在垓下设十面埋伏,一举将项羽全军歼灭,刘邦天下定矣。而韩信,也被人称为"战神"。

智慧精要:

刘邦为什么会破格拜韩信为大将军?他并不看好韩信,但是他看好萧何。萧何向他保证得韩信者得天下,所以他算得上"豪赌"了一把。这一拜,拜出了韩信的才气纵横,更拜出了萧何的忠心耿耿。正值战败之时,形势危难之际,刘邦看得清自己缺少的是能帮自己一统天下的人才和围拢自己的人心,所以才会破格提拔韩信,惊喜的是为自己的统一大业拉拢了一位惊天战神。所以刘邦能称帝,很大程度上来说,还是归结在于看得清形势,善用人才。

司马朗能看清自己的诉求,应变有方

司马朗是司马懿的兄长,他12岁就通过考试,入了太学,称为"童子郎",称得上是神童。

司马朗9岁那年,有位他父亲司马防的晚辈客人来拜访父亲,交谈时称呼父亲的字,司马朗说:"慢人亲者,不敬其亲者也(不尊重别人的亲人,想必也不会尊重自己的亲人)。"客人赶紧红着脸道歉。

董卓入京,废汉少帝,立汉献帝。公元190年,司马防在洛阳做官,司马朗携全家进京投奔司马防。

但是,京城是漩涡的中心。关东群雄讨董卓,董卓于是要迁都,裹挟数百万百姓，从洛阳赶赴长安。董卓身后，火焰冲天，黑烟铺地，嚎哭动天，惨叫彻地。人间地狱，不过如此。

——这被迫搬迁的人里，并没有司马家的人。因为司马朗带着一大家子人，已经逃出生天了。

当时，事态紧急，洛阳全城戒严，兵丁巡逻，城门重兵把守，不许百姓逃脱。司马朗带着一家人想逃，到了城门口就被扣下了。董卓亲自赶到，要杀鸡儆猴。董卓指着司马朗说："你和我死去的儿子一般大，怎么能这么辜负我！"

司马朗作揖礼拜，说："明公，您有盛德，又有威名，建了如此大的功业。如今兵难日起，州郡鼎沸，郊境之内，民不安业，捐弃居产，流亡藏窜，就算您四关设禁，重加刑戮，仍旧不能断绝。这就是我所以忧郁不舒的原因。希望明公您能洞察借鉴过去的历史，稍稍考虑一下。那么您的光辉业绩就将与日月同辉，连伊尹、周公也难和您比肩。"

董卓说："我也明白，你的话很有道理。"

然后，把他放了——他被一个少年有条有理的言语说得没什么脾气了。

司马朗得了一命，越发知道这个地方留不得，一狠心，一咬牙，散尽家财，贿赂给董卓办事的官员，官员得了重财，开关放人。

——重点是散尽家财。

多少人舍命不舍财，他却有勇气把所有的财物都拿出来，就只为求一个出城的机会，因为他深知有命就有财，命都没有，要财何用？

他看清楚了自己内心的诉求，才能够做出这样果断的决定。于是司马朗经历种种波折，终于带领家人出城，重回家乡。

19岁的少年，保全了全族性命。

智慧精要：

人的一生，或许因个人际遇的波折，面临重重难关；抑或受时代大势的裹挟，同样需跨越无数挑战。在如此纷繁复杂的局势中，尤为重要的是能够拨开迷雾，清晰洞察自己的内心，明确真正的诉求所在。只有当我们能够准确判断事情的轻重缓急，做到心中有数时，方能做出最为恰当且明智的决策与行动。

面对真正的内心诉求，即便需要付出巨大的代价，如壮士断腕般决绝，也应毫不犹豫，勇往直前。

杨坚看清时势，审时度势以应变

大定元年（581年）二月，北周静帝禅让帝位于杨坚，杨坚登基为帝，即隋文帝。

到了九月，南陈的周罗睺、萧摩诃率军侵入隋境。

杨坚其实早有灭陈统一的雄心，建隋后马上做了连番部署，从而北防突厥，南下灭陈。所以，趁着南陈入侵之机，杨坚便派遣诸军开始实施"先南后北"之方略。

陈朝兵多将众，实力较强，不过与突厥相比，仍旧较弱，所以此次的"先南后北"，实则是遵循"先弱后强"的策略。

而且征讨南陈的时候，并不会特别担心北方的突厥人捅刀子——突厥人虽曾数次侵入长城以内，目标却是马匹、人口与浮财，杨坚已经对北防突厥做了充足准备。

再者说了，江南富庶，隋军南下，可以大发战争财，先取江南能够迅速增加国力，回过头来抗衡突厥就可以更有底气。

但是，事有非常。隋军正忙碌着准备南下伐陈之际，却收到紧急军报：突厥一举攻陷了隋朝的临渝关，即今山海关，准备长驱直入。

向南，还是向北？成为一个问题。

恰在此时，陈朝的陈宣帝病死，陈朝遣人至隋军求和。隋朝的不少大臣认为不可错失伐陈良机,仍旧要坚持先南后北、灭陈统一的国家大计。

但是隋文帝却做出决断,以"礼不伐丧"的理由,向陈朝遣使赴吊,收回南下的兵马,确定了"南和北攻"的方针,向北方派遣重兵,抵御突厥大军。

因为隋文帝认为,突厥骑兵强大,此次入侵,不只是为了得些浮财,而是挟仇而来,其势难当,必须重兵抵御,否则大隋危矣——原来突厥骑兵数十万,战斗力强大无匹,在北齐、北周时期,北齐、北周两国争向突厥献纳金帛以求和亲,突厥首领声称:"两儿常孝,何忧国贫!"

杨坚代周建隋之后,对突厥的进贡逐渐减少,只不过因为突厥可汗去世,子侄之间忙于争权,无暇向隋朝示威。如今突厥局面已经稳定,自然要南下教训大隋了。再说了,北周公主是嫁给突厥可汗的,如今北周被杨坚篡代,自然更是仇敌。

于是新的可汗就企图趁虚而入,趁着隋南下伐陈之机,下令南下伐隋。

在这种形势下,杨坚看清楚眼下最大的威胁是突厥,一旦突厥入侵隋地,哪怕隋伐陈成功,也无法抵抗来自北方的攻击伤害,而且极有可能陈国也一起发难,这样一来,隋就会面临南北两面夹击。腹背受敌,大隋危矣。

所以,他果断决定改变用兵方向,采取更稳健切实的南和北攻之策,使建立不久的隋朝避免了两线作战,先集中力量制服突厥,解除了这个主要危险之后,再稳步进军南下,这样就为统一全国奠定了坚实可靠的基础。

智慧精要:

民间流传着两句寓意深刻的俗语,一句是满怀希望的"心想事成",

寄托了人们对美好愿景的向往；另一句则是更为现实的"不如意事十之八九"，揭示了生活中难免遭遇挫折与不如意的真相。

面对这种理想与现实之间的差距，我们首先需要做的便是稳定心态，不被突如其来的挑战所击垮。然后深入观察与分析当前的时势环境，把握其规律与走向。再运用抽丝剥茧的方法，仔细梳理当前所面临的各种问题与挑战，从中找出最为紧迫与关键的危机所在。最终采取灵活机动的应对方式，实现化危为机、转败为胜的目标。

青梅煮酒藏杀机，风雷落箸巧掩饰

刘备投奔曹操后，就被曹操引荐给了汉献帝。

因为曹操的强势控制，汉献帝活得十分憋屈，于是他就发起一次代号为"衣带诏"的讨贼行动——就是把用血写成的诏书藏在衣带里，再把衣带秘密交给忠心的臣子，向他们求救，以除掉曹操。

知道衣带诏秘密的人有董承董国舅、侍郎王子服、将军吴子兰和长水校尉种辑、议郎吴硕，还有刘备等人。

刘备身负此等隐密，就不敢大模大样地出现在曹操面前，只是韬光养晦，天天在自家后院园子里种菜，摆出一副与人无害、与人无争的样子来。

但是，曹操却命人把刘备请到自己府里，而且一见面就说："你在家做得好大事！"

刘备被吓得魂飞天外，还以为有人泄密，自己性命不保。结果曹操又说："其实我也没啥事，咱们有日子没好好说话了，来请你聊聊天。"

于是，两个人就着一盘青梅，喝着小酒，开始漫无边际地谈天说地。

说来说去，就说到当今的天下大事。东汉末年，群雄割据，看起来就是英雄满天下的样子。曹操就问刘备："你觉得当世英雄都有谁？"

刘备答："淮南袁术。"

曹操不屑一顾："不过是一具冢中枯骨。"

刘备再答："河北袁绍。"

曹操继续不屑一顾："色厉胆薄，好谋无断；干大事而惜身，见小利而忘命。"

刘备继续说："刘表刘景升。"

曹操仍旧是差评不断："虚名无实。"

刘备再继续："江东领袖孙策，孙伯符。"

曹操还是不买账："拼爹拼出来的名气。"

刘备："益州刘璋。"

曹操再摇头否定："不过一只看门狗而已。"

刘备："张绣、张鲁、韩遂……"

曹操大笑："一群碌碌小人。"

刘备没话说了，天底下，好像再没有能称得上英雄了吧。

第一章　不要怕，万变不离其宗——变局中要保持战略定力

17

于是曹操说:"什么是英雄?胸有大志,腹有良谋,有包藏宇宙之机,有吞吐天地之志,这样的人才是英雄。"然后他指指刘备,又指指自己:"你,我,才是英雄!"

此话一出,正敲击在刘备的心坎上,因为他也有一个英雄梦,也想着一统天下。虽然如今蜗居在别人的屋檐下,但是,还不许一遇风云就化龙吗?所以,他以为曹操看透了自己的雄心壮志,吓得把筷子都掉了。

正当他不知道如何遮掩的时候,恰巧天空炸起一声响雷,于是他故作镇定,弯腰拾起来:"这雷真大,吓得我筷子都掉了。"

曹操哈哈一笑:"一个大男人,这么怕打雷。"于是,他就放心了,觉得刘备不过是一个胆小鬼,这样的人,能有什么本事呢?

至于刘备,经历此事之后,他就借着讨伐袁术的机会,要了五万兵马,逃之夭夭,也顾不上衣带诏计划了。

智慧精要:

刘备怀揣着一个偌大的秘密,百般掩饰,生怕被人看出来,没想到却被曹操以言语敲打,差点诈了出来,身家性命难保。于此生死攸关之际,刘备却保持了极大的定力,虽惊慌落箸,却能够借落雷掩饰,天衣无缝,打消了枭雄疑心。可见惊变当头,一定要心定,心定了,才能把话说稳。

我们面临大危机、大变局的时候,先保住性命,才能留得青山在,不怕没柴烧。

朱元璋看清别人需求，访贤得三策

公元 1357 年，朱元璋率大军出征浙东，途经徽州，听人说起朱升的大名，"潜往访之"。

朱升，字允升，休宁人，又称枫林先生。其人不愿在元朝入仕为官，即便被元政府强行任命，也在三年后挂靴而去，隐居家乡石门山。

朱元璋在石门山访得朱升，而朱升之所以乐于辅助朱元璋，也是因为朱元璋当时所在的北方红巾军倡导"反元复宋"。

朱升为朱元璋献上了九字方针："高筑墙，广积粮，缓称王。"

所谓的"高筑墙"，就是巩固自己打下来的根据地，于群狼环伺中站稳脚跟，固守和扩大地盘。

所谓"广积粮"，就是多储蓄粮食，狠抓农业生产，夯实自己的经济基础，做好大后方的粮草保障。

所谓"缓称王"，是因为起义军山头林立，大家一定会对称王的人重点打击。为了避免成为元朝和其他起义军的打击对象，不可急着出头冒尖。

这是目光最长远、最算尽人心的一着妙棋。元朝大地上处处烽火狼烟，哪个英雄豪杰没有称王称霸的心思？但越是如此，越不能早早称王，否则必会在面对元朝的无情挞伐的同时，更要面对"同行"的围攻。

朱升看明白了朱元璋的雄心，所以给出了闷声发大财的九字方针。

不要小看这九个字，字字堪比雄兵百万，直接开阔了朱元璋的格局，使他能够把目标放在"称王"上，行为上却能够稳扎稳打，藏滴于海。

而朱升之所以知无不言，言无不尽，以九字方针奠定朱元璋的争霸胜局，也是因为朱元璋看清了朱升的想要"反元复宋"的政治需求，热忱求教，才能使得朱升倾囊相授。

智慧精要：

朱元璋求贤访能，不是盲目拜访，而是看准了对方的心理需求。想要使得对方能够坦诚相待，奉献自己的智慧妙计，这是必不可少的大前提。正如刘备与诸葛亮之间，刘备以他的谦逊与真诚赢得了诸葛亮的倾心相助。他不仅给予了诸葛亮极高的礼遇与尊重，还为其搭建了施展才华的舞台，使得诸葛亮能够毫无后顾之忧地投入兴复汉室的大业之中。

谋臣之才固然令人钦佩，但能够慧眼识珠、驾驭这些高智商谋臣的主公，其智慧与胸襟更是非凡。

第二章 不要乱,胸有丘壑立得住
——变局中要有大局观念

在历史发展的波澜中,切勿慌乱,胸中需有丘壑,方能立得住脚。面对变局,更需展现大局观念,以坚定的信念和深远的眼光,引领时代前行。

晏婴出使遭讥嘲，不卑不亢稳得住

晏婴，史称"晏子"，春秋时期齐国著名政治家、思想家、外交家。

他曾经奉命出使楚国。他个子矮小，楚灵王为了羞辱他，同时打击齐国的气焰，所以在大门旁边特地开了一个小门，让晏婴从小门出入。

晏婴不但不肯，而且出语惊人："到狗国出使的人才会从狗洞出入，我今天到楚国来出使，也要让我从这个狗门进去吗？"

这下子，把楚国给"将"死了：如果我从这个"狗洞"进去也可以，你们楚国就等于自动承认是狗国了。楚灵王没办法，只得打开大门相迎。

晏婴进宫廷拜见楚王，楚王看着个头矮小的晏婴，口气也特别傲慢："你们齐国没人了吗，派你来出使我大楚？"

晏婴也没惯着他，毫不客气地反驳道："我们的都城临淄有几千户人家，人们如果一起张开袖子，就会把天空遮住；如果人们一起挥洒汗水，就会落下一场大雨；街上的行人都摩肩接踵，怎么能说齐国无人？"

在否定了"齐国无人"的说法后，晏婴又解释自己被派来楚国出使的原因："我们齐国派遣使臣是有规矩的，讲究两两相应。有德有才之人，去那有德有才的君主统治的国家出使；无德无才之人，自然就要去那无德无才的君主统治的国家出使。我晏婴无德无才，是我大齐最不贤的人，所以就被派到这里来了。"

楚国君臣被他噎得喘不上来气，面面相觑之时，一个罪犯押了上来。楚灵王故意问这个罪犯犯了何罪，侍臣说他犯了偷窃之罪。楚灵王又问他是哪里人，侍臣说罪犯是齐国人。于是，楚王就问："原来齐国人都是小偷吗？"

显然，这是事先就排练好的。晏婴就离席而答："我听说橘树生长在淮河以南就是橘树，生长在淮河以北就是枳树，它们叶子相像而果实味道迥异，之所以如此，是因为水土不同。齐国百姓并不会偷东西，来了楚国却学会偷东西，难道不是楚国水土的原因吗？"

楚灵王听了晏婴的回答，只好尴尬地笑着说："还是别跟圣人开玩笑了，会自讨没趣的啊。"

智慧精要：

晏婴被后世人尊称为"晏子"，不但因为他才智敏捷，辩才无双，更是因为他有极强的政治远见和辅政才能，又有深刻的政治主张。他在治国方面强调节俭、薄敛、省刑，而且在那个很容易搞迷信活动的年代，坚持无神论立场，反对灾异、巫祝和祈禳。他在齐国历侍三朝君主，辅政五十余年，正应了那句话，"人不可貌相，海水不可斗量"。所以，晏婴因为胸怀博大，核心力量强大，面对各种人身攻击，能够底气十足，分毫不乱，寸步不让。

乱丛渐欲迷人眼，燕王哙搞"禅让"

战国时期，燕国出了一个神奇的理想主义者，国君姬哙，历史上称其为燕王哙。他干了一件很神奇的事——禅让。

燕王哙于公元前321年继任君位。他是一位深怀理想主义的好君主，所谓"好贤""行仁"，正是他治国的核心理念。他不沉迷于女子美色，不聆听钟鼓丝竹之音，宫廷之内不建奢华的池台楼榭，宫外亦不热衷征战田猎。他更是亲自拿起农具，耕作于田野之间，以亲身之劳苦

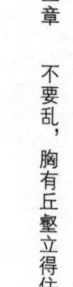

来体恤民生之艰难。燕王哙如此深切地忧国忧民，其勤政爱民之程度，即便是古代所传颂的圣王明君，恐怕也难以超越。

他的宰相子之颇具才干，也有政绩，燕王哙就把国家大权放给子之，子之逐渐位高权重。

当初纵横家苏秦在燕国时，与子之结成亲家，子之自然也就与苏秦的族弟苏代有了结交。子之派苏代去齐国侍奉在齐国做人质的燕国公子，苏代回燕复命之时，燕王哙问他齐王有没有称霸之意，苏代斩钉截铁地回答："齐王不能称霸，因为他不信任他的大臣。"

燕王哙没有理清这中间的逻辑关系，"不信任他的大臣，所以做不了霸主"，和"信任他的大臣，必定能做霸主"根本不是一个意思。

正当此际，有人进谏道："大王何不效仿古贤，将国家托付于国相子之？世人颂扬尧帝为圣君，皆因他曾欲将天下禅让于许由，虽许由未纳，然尧帝因此赢得了让天下的美誉，而实则天下并未易主。若大王今日将国家让与子之，子之即便不敢领受，大王亦将彰显与尧帝同等的高风亮节，传为千古佳话。"

于是燕王哙恍然大悟，觉得此事可行，便真的禅让君位给子之——他却不想自己还有儿子，他肯，儿子可肯？父子相背，国家可能不乱？

子之倒也真的不敢接这个君位，却也摆出一副君王的架式，很多人便去趋附他，鼓动他削夺燕王哙之子太子平的权势。

燕王哙将俸禄三百石以上官吏的印信收起来交给子之，由其行任免裁断之权。子之便面南而坐，如同国君理事，燕王哙反而成为臣下，如此三年。

之后太子平和燕国将军密谋，要攻打子之。齐国的宣王又派人递送自己的"好意"："寡人听说太子坚持正义，将要废私而立公，整饬君臣之义，明确父子之位。寡人的国家愿意听从太子差遣。"其实他是巴不得燕国越来越乱。

于是，太子平愤而起兵，向国相子之发起攻击，燕国内部因此陷入了长达数月的动荡与战乱。《史记·燕召公世家》对此有详细记载："因构难数月，死者数万，众人恫恐，百姓离心。"

最终，太子平兵败，不幸遇难，成为战乱的又一牺牲品。战乱持续，燕国上下笼罩在死亡的阴影之中，数以万计的生命在这场内乱中消逝。

齐国趁势发难，大举入侵并重创燕国，导致燕王哙不幸在乱军之中丧生，而子之则被俘，最终处以醢刑。燕国百姓在这场浩劫中被大肆屠杀。

随后，在赵国的帮助下，燕国另立新君，即燕昭王。新王即位后，燕国与赵国结成同盟，共同抵御强大的齐国。

至此，这场由"禅让"引发的政治闹剧终于落下了帷幕。回顾往事，三位主要人物——燕王哙、国相子之和太子平无一幸免。若要从根本上为其定性，这无疑是一场因脱离现实的理想主义而起，却最终引发国家剧烈动荡的悲剧。

智慧精要：

在群雄争霸、国内外局势错综复杂之际，国君所需展现的，乃是抽丝剥茧、洞悉问题本质的智慧，以及稳固民心、安定内政的定力。遗憾的是，燕王哙在这一考验面前显得尤为失败。他虽在道德层面堪称楷模，但缺乏乱世中一位英明君主所必备的睿智与沉稳。他的失败，根源在于未能以审慎的态度面对复杂局势，仅凭一时冲动便做出关乎国家命运的重大决策，这种轻率的做法注定难以收获理想中的美好结果。

历史无数次证明，草率行事往往是失败的催化剂。真正的智者，是那些能在动荡中保持自我，不轻易动摇其核心理念与判断的人。

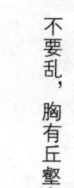

大丈夫能屈能伸，蔺相如主导一出将相和

蔺相如，战国时期赵国的一位杰出上卿及外交家，其传奇故事始于他作为宦者令缪贤门客的身份。当时，赵国意外获得了一块举世无双、价值连城的和氏璧，这一稀世珍宝迅速引起了强秦的觊觎。秦王表面上提出愿以秦国 15 座城池作为交换，实则暗藏玄机，意图利用秦国的强大威势迫使赵国无条件献上此璧，实现不劳而获的目的。

面对秦国的强势与诡计，蔺相如挺身而出，主动请缨，带着和氏璧出使秦国。

秦王果然没有兑现以 15 座城池换取和氏璧的承诺，其意图显露无遗。蔺相如秘密安排人员将和氏璧安全送回赵国，而自己则孤身一人留在秦国朝堂之上，大义凛然地对秦王说道："我已安排使者将和氏璧秘密送回赵国。若大王您真有诚意，请先割让土地予赵国。秦国虽强，但我赵国亦非软弱可欺，我们已做好万全准备，大将廉颇正率领重兵驻守边境。大王若轻举妄动，恐将引发两国战事，对双方均无益处。"

秦王闻言大怒，欲动兵伐赵，但如蔺相如所说，赵国边境已经做好准备，大将廉颇率重兵把守。经过冷静思考及大臣们的劝阻，秦王只得强压怒火，将蔺相如礼送回国。

这次交锋，蔺相如既保住了和氏璧，又保住了自己的性命，回国后被赵王封为上大夫。

不久，秦王邀请赵王赴渑池会盟，赵王不敢赴约，大将军廉颇和上大夫蔺相如一致认为应该赴会，否则会示敌以弱，于是赵王只好硬着头皮去了。还是老样子，廉颇陈兵边境，蔺相如随赵王出行。

在宴会上，秦王阵营刻意打压赵王阵营，蔺相如则寸步不让。

秦王对赵王说："我听说您爱好音乐，请您为我鼓瑟。"赵王就弹奏了一曲。秦国的史官就记录曰："某年某月某日，秦王与赵王会饮，秦王令赵王鼓瑟。"

蔺相如如法炮制，请秦王击缶，秦王不肯，蔺相如就上前近身威胁："我们之间相距五步，我可以血溅大王。"秦王慑于他的气势，随随便便击了一下缶，蔺相如马上命赵国的史官记录："某年某月某日，秦王为赵王击缶。"

秦国群臣纷纷鼓噪，要求赵王把15座城池送给秦王做礼物，蔺相如针锋相对："请秦王把贵国都城咸阳送给赵王做礼物！"

就这样，赵国始终不曾降了尊严。回国后，蔺相如被赵王封为上卿，官位越过了廉颇。

这下子，廉颇不高兴了，心想："这么一个只会耍嘴皮子的人，他的功劳能比得上我战场厮杀，出生入死吗？我见了他，一定要他好看。"

这话传到蔺相如耳朵里，蔺相如干脆躲着廉颇走。他的门客为他抱不平，劝他不必如此忍气吞声，蔺相如却说：

"我连秦王尚且不怕，为什么会怕廉将军？我只是想着，秦国之所以不敢冒犯赵国，是因为有我和廉将军在。如果我们搞起内斗，秦国难道不会笑掉大牙，甚至趁虚而入吗？所以，我是不想个人恩怨凌驾国家安危之上啊。"

他这番话传到廉颇耳里，廉颇十分惭愧，肉袒负荆，来蔺相如门前请罪，蔺相如赶紧扶他起来，郑重礼待。一将一相，成为生死之交，铸成赵国的钢铁长城。

智慧精要：

蔺相如步入赵国朝堂，其政治生涯充满了挑战与危机，每一步都踏在刀尖之上，既需胆识过人，又需心思细腻。面对秦国朝堂上的君臣，他不仅要与之周旋斗智,更要在敌我势力交错中保持清醒与坚定,确保国家利益不受侵害。他敢于对抗秦王,即便身处险境,也毫不退缩。

蔺相如在朝廷内也面临着诸多考验。同僚之间的明争暗斗、权力博弈,稍有不慎便可能引发内乱,给敌国可乘之机。因此,他在处理内部事务时,既需大胆果敢,敢于担当,又需谨小慎微,避免激化矛盾。他始终保持立场鲜明,志气不堕,以宽广的胸怀包容一切,这是他在乱世中能够立足稳健、受人尊敬的根本原因。

乱局当前,慎子计保国土

在战国那个动荡不安的时代,秦国以和谈之名,行扣押之实,将楚怀王困于秦国。楚国朝堂之上,群臣哗然。

一方面,国君被扣,作为国家之首,理应不惜一切代价将其赎回;但另一方面,秦国提出的赎金竟是割让大片土地,这无疑是饮鸩止渴,只会加速楚国的衰落与灭亡。

经过激烈的讨论与权衡利弊,楚国朝堂最终共识:对外宣称楚怀王已不幸离世,以此断绝秦国利用怀王作为人质要挟楚国的可能;同时,紧急派遣使者前往齐国,迎请正在那里作为质子的太子熊横回国,继承大统,以稳定国内局势。

然而,齐国方面的回应却再次让楚国陷入了两难的境地。齐国提出,要想让太子熊横回国即位,楚国必须割让东部的500里土地作为交换。这一要求虽然相较于秦国而言,在土地数量上有所减少,但仍然是楚国难以接受的重大牺牲。

此时楚国已处于内外交困的境地,秦国虽强,但与其关系已降至冰点,难以在短时间内达成和解;而齐国虽有所要求,但双方关系尚未彻底破裂,且齐国的条件在某种程度上更为现实和可接受。

于是，楚国使臣最终决定接受齐国的条件。随后，太子熊横在齐国的护送下顺利返回楚国，并即位为楚顷襄王。

楚国朝中议事，楚顷襄王就问朝臣，齐国使者正住在馆驿，等着拿回楚国答应的土地，此事当如何处置。

慎子在朝堂上，先不说话，而是听别的大臣都有什么意见。

上柱国子良说："说出口的承诺，当然应当遵守，所以应该把土地给了齐国，免得被天下人耻笑我楚国背信弃义。当然了，给了之后，还可以再拿回来。给齐国土地表明我国重承诺，再拿回来说明我国国力强盛。既讲信用，拳头又大，别人能不怕？"

昭常说："我们决不能割让土地，宁牺牲性命，不丢失寸土。割让土地好比剜肉，让自己丧失元气，将来还怎么有力气跟人打仗？怕是连自保都做不到。"

景鲤说："我的意见是不给，总不能割肉饲虎，把老虎喂得越来越强壮吧。我请求出使秦国，请秦国出面帮我们解决问题。"

慎子于是就向楚顷襄王献了一条三合一的计策：

"派子良向齐国献地，然后派昭常守卫那块地，再派景鲤向秦求救。这么一操作，秦国会出兵齐国，齐国一害怕，就不敢向我们要地了；再派子道出使秦国，告诉秦国齐国不敢要地了，秦国也就不会派兵攻齐了。这么一来，我们楚国根本不必浪费一兵一卒，东面的土地就可以保全。"

楚王于是派子良到齐国去献地，昭常负责守地，景鲤去秦国搬救兵。

子良到了齐国，答应割让国土，齐国大喜，马上派兵到楚国来接管土地。谁知守地的昭常不答应，发誓如果齐国要以武力抢夺，他就要带领楚军决一死战。

齐王于是怪罪子良，子良说："楚王确实同意割让土地。昭常是违背国君的命令，擅自行事，所以请齐王派兵攻打他好了。"于是齐王大

29

怒，向楚国出兵，想强行夺取楚国国土。

结果正在齐军要出兵伐楚之际，景鲤请来了 50 万秦军——秦王虽然向楚国索要土地不成，但是他也非常清楚一件事：自己得不到楚国的土地，也不能让齐国得到楚国的土地，否则齐国势力变强，又会成为秦国的强敌。于是他就派兵伐齐。齐王只好放了子良，派使者到秦国求和。

就这样，楚国保住了土地，又免了一场兵祸。

智慧精要：

战国时期，各个国家相和相杀，武力和计谋满天飞。如何在群狼环伺、形势纷乱的情况下保住自己国家的利益，就要看大臣的能力了。慎子面对楚国前后皆敌的局势，和朝堂上大臣们的说辞，脑子没有乱，而是纵横捭阖，把这些计谋捏合在一起，玩了一出非常精彩的驱虎吞狼之计。

大事当前，临危不乱，这非常考验一个人的定力。

赵奢胸中自有定计，故意示弱，痛击秦军

公元前 269 年，秦王嬴稷派遣大将胡阳率领精锐之师，向韩国的阏与城发起了猛烈的攻势。韩国军队难以抵挡，不得不向赵国求援。

赵王得知消息后，任命赵奢为主将，率领大军前去驰援韩国。

赵奢领命后，迅速集结军队，从邯郸出发，踏上了前往阏与的征途。然而，令人意想不到的是，赵奢并没有直接挥师猛进，而是在距离邯郸仅 30 里的地方停下了脚步，开始修筑工事，似乎并无立刻救援阏与的打算。

更为奇特的是，赵奢还下达了一道严厉的军令："有敢于谈论阏与军事者，斩。"

秦军斥候将这一情况探知并报告给了主将胡阳。胡阳暗喜，认为赵军并无救援韩国的决心，于是放松了戒备，军纪也随之懈怠。

28天后，赵奢的军队如同沉睡的雄狮猛然觉醒，迅速行动起来，以惊人的速度向阏与城外50里的地方挺进，选择了一处易守难攻的有利地形，并迅速部署军队。

胡阳本想趁其立足未稳之际发动突袭，意图一举击溃赵军，然而，当秦军气势汹汹地扑来时，却遭到了赵军势不可挡的猛烈打击。

战斗异常激烈，秦军损失惨重，过半的士兵倒在了血泊之中。胡阳也未能摆脱被赵军斩杀的命运。

这一战，是秦国在向外扩张过程中遭受的一次重大失败。

智慧精要：

赵奢在出征之初，故意示弱于敌，却并非真的怯懦，而是他深知兵法中的"诡道"之妙。这实际上是一种高明的心理战。

这一战例充分说明了赵奢作为将军的出色之处。因为胸中自有定计，所以他不仅不耻于示敌以弱，而且能够准确地把握战机，以最小的代价换取最大的胜利。

花团锦簇之时，张良低调以求全身而退

张良，字子房，秦末汉初杰出谋臣、政治家，西汉开国功臣，与韩信、萧何并称为"汉初三杰"。

张良的长处不在于领兵打仗，而在于深谋远虑，出谋划策。

刘邦和项羽约定谁先占领汉中，谁就来当汉中王。刘邦比项羽快一步入了汉中，他已经准备好坐上汉中王的宝座了，但是张良却力劝他还军灞上，把汉中让给项羽，因为实力不允许刘邦在项羽面前嚣张。

在项羽居心叵测，给刘邦摆下鸿门宴的时候，张良又大力拉拢项羽阵营的项伯，请项伯在项羽面前为刘邦多多美言，项伯真的这样做了；席间项庄舞剑，想要趁机刺死刘邦的时候，项伯还拔出剑来共舞，以此保护刘邦。最终因为项羽的妇人之仁，刘邦得以在杀机重重下脱身，而张良留下替刘邦赔不是，送礼物，收拾烂摊子。

楚汉之争中，刘邦能够以弱胜强，登顶最高处，张良是第一大功臣，所以刘邦对他高度评价："夫运筹帷帐之中，决胜于千里之外，吾不如子房。"

汉朝建立后，刘邦要大封功臣。他要封齐国的三万户为张良的食邑，张良却拒绝了，说："你我君臣当初是在留地相遇的，就把我封在那里吧。"于是刘邦封张良为留侯。

事实上，留地很小，比齐国的三万户食邑小太多了，但是张良就是要请封留地。一方面，功劳大、地盘大，很容易给新上任的皇帝造成功高震主的坏印象；另一方面，张良本来是韩国贵族，刘邦会不会怀疑他有复韩之心呢？他自己请封留地，既向刘邦表明他顾念旧情，又向刘邦

表明他忠诚不二。

帮着刘邦打天下的功臣中，有不少封王封侯的，但是也有不少人被他找理由给杀掉了。张良却能够全身而退，不得不说，他有着极强的政治智慧。

智慧精要：

张良为什么会只要当一个留侯呢？这留地面积小，目标就小，同时又是刘邦和他最初相识的地方，言下之意，是求刘邦看在故人一场的面子，功成之后，不要加害自己。可以说，他对于人心的洞察到了幽微之处。与他相比，很多人却会在得意时忘形，于众人乱纷纷的吹捧中迷失心智，觉得天下我第一，结果又怎样？历史上因为得意忘形而丧身失命之人何其多也。

张良的选择，是对自身安全的明智考量，也是对人性复杂性的深刻理解。他的智慧与谦逊，成为后世传颂的佳话。

背靠大树好乘凉，曹操高举五色棒

汉熹平三年（公元174年），曹操刚满20岁，被地方上推举为孝廉，不久，曹操被任为洛阳北部尉。

洛阳是京城，曹操负责京城北部的治安。

但京城这个地方，太乱了。白天还好，一到夜间，豪强子弟和地痞流氓乱窜，欺压良善，调戏民女，敲诈勒索，无恶不作。都尉能管小民，但如果豪强子弟作了恶，他们还要帮着遮饰，以表巴结之情。

曹操锐气正盛，想着建一番功业，杀伐立威。再说他怕什么？家里那么大的后台——曹操的父亲曹嵩是大太监曹腾的养子，曹腾当年伺候皇太子刘保读书。刘保登基为汉顺帝，曹腾则做到了中常侍——就是在皇帝寝殿侍奉的太监，所以曹操家既有地位又有钱。

一上任，他就新造汉代执法刑具五色棒，准备大干一番。他让人把十来根五色大棒挂在衙门大门两边，明令禁止夜行，"有犯禁者，不避豪强，皆棒杀之"。

然后，就有一个人大晚上夜行被逮住了，曹操一声令下，一顿五色大棒给打死了。自此，"京师敛迹，莫敢犯者"。

但是，曹操也捅了马蜂窝，因为被打死的这人是当朝皇帝格外宠信的宦官蹇硕的叔叔。

可是蹇硕一时好像也没什么办法。曹操的靠山比蹇硕大，而且他又没犯法，所以就被大家好一顿夸奖，在汉灵帝面前说此人是个人才，只当个北部尉太屈才，不如让他去更高的岗位上吧。

于是，熹平六年（公元177年），曹操被明升暗降，"上调"为远离京城的顿丘县令。他在后来给儿子曹植的书信《戒子植》里，还提到这段光荣历史：

"吾昔为顿丘令，年二十三，思此时所行，无悔于今。今汝年亦二十三矣，可不勉欤！"

——我曾经掌管顿丘一县的时候，才23岁。想起那时的所作所为，到现在都没有后悔。你今年也已经23岁了，要勉励自己啊！

智慧精要：

曹操做出此举，看似年少气盛，考虑不周，为自己招来祸端，但是不要忘了，他新官上任，急需政绩与政声；另外，他很明白，自己有很硬的靠山，闯出祸事来也不怕，所以他才会显得十分"肆无忌惮"。事实上，别人眼中的"肆无忌惮"，对于他来说，都是在事情的框架之中，并没有做出逾矩的举动，反而显得十分有豪杰气概。在当时东汉社会大乱的情况下，是十分恰当、合适的举动。

所以，曹操此举不但不是轻率之举，反而是深思熟虑、顺应时势的明智选择。它体现了曹操作为一代枭雄的非凡胆识。

面对乱局不慌乱，程立反向操作夺城

东汉末年，黄巾军横扫河北，东阿县丞王度也打起了黄巾旗号作乱，吓得县令翻墙逃跑。于是一夜之间，东阿县城便被黄巾军占领。

当时程立是一个小小的乡间小吏，正在乡下公干的时候听到了这个消息，于是匆忙赶回，路上遇到了很多逃亡的官吏和百姓。

程立势单力孤，纵有心夺城也需要静心稳行，于是他先派人查探城中情况，发现王度也是仓促起事，城中并没有大军陈列，颇为空虚，于是就联络当地大户在内的很多人，劝大家返回去，夺回城池。

百姓们吓得六神无主，城池在东，他们一个劲儿只想着往西逃跑，逃得越远越好。程立长叹一声："愚民不可共计大事。"然后，他就想出了一个反向操作。

他让人假扮黄巾军，举起旗帜，从西面而来，尘土飞扬。那些有意跟着他一起夺城的大户豪强就在百姓中间大喊大叫："有贼，西面有贼，贼从西来！"一边叫，一边往东跑，于是大家也都跟着程立的队伍往东跑。这一跑，可不就跑到东边的东阿县城中去了吗？

结果搞笑的是，那造反的王度就这么稀里糊涂地被程立领着的一群莫名其妙往东逃跑的老百姓，活活地从城中赶了出去。

等到王度醒悟，聚拢黄巾军前来攻城时，程立早在城中找到那个翻墙逃跑的县令，打起朝廷的旗号，安抚好了人心，把城池牢牢地守住了。

这个程立，就是三国时期有名的曹魏阵营名将程昱，这个名字是曹操替他改的。程立少年时梦到自己登泰山而两手捧日，曹操得知后，在他立下大功时，给他的名字加了一个日字，成为程昱。

智慧精要：

骤然遭遇变局，最忌的就是无脑慌乱、乱作一团，因为这样，原本的理智就会被搅得如同浆糊，让人慌手慌脚，处处出错。程立面对周围骤然大乱的局面，能够坚守自己的想法，并且开动脑筋，实施计划，这本身就是非常难得的有定力的表现。这样的人，做事的成功率往往很高。

伴君如伴虎，徐达一生低姿态

徐达，明朝开国军事统帅，出身农家，少有大志，智勇兼备。

朱元璋还只是郭子兴手下一个小官的时候，徐达就和他交好。后来，朱元璋自立门户，徐达就跟着他一起打天下。

徐达被封为大将军，带着副将常遇春，率 20 万水军，攻打湖州张士诚。张士诚被打跑，逃到老巢平江，徐达猛追穷寇，兵分四路，全方面多角度围追张士诚。

但是，他深知朱元璋多疑的性格，所以先给他打报告，向他请求指示，下一步应该怎么办。朱元璋当然高兴了，这么一个勇猛绝伦的部将，不但攻无不克，战无不胜，还事事向自己请命，说明对自己忠诚！非常大度地说："将在外，君令有所不受，你就自己看着办吧，朕相信你。"

徐达这才下令攻城。

平江之战，徐达俘虏敌军 25 万，活捉张士诚，官拜信国公。

公元 1368 年，朱元璋南京称帝，大明王朝建立。

有一天，朱元璋和徐达下棋，徐达既不能赢，更不能输，很辛苦。朱元璋倒是浑然无觉，连吃徐达两子，心里高兴，过了一会儿，徐达没动静了。朱元璋纳闷："怎么不下了？"徐达扑通一声，跪倒在地："请我主万岁看看棋局。"

朱元璋仔细一看，棋盘上的棋子在徐达煞费苦心的摆弄之下，竟然摆成"万岁"二字。这是多大的功夫啊！朱元璋一高兴，把下棋的楼连同莫愁湖花园都赐给了徐达，就是后来的胜棋楼。

徐达带兵征讨边疆，春天率军出征，冬天回到京城，把帅印恭恭敬敬上交朝廷。他不敢留在自己身边，深怕朱元璋疑其谋反。

徐达越小心，朱元璋越高兴，几乎天天赏他东西，还称他为布衣兄弟。结果，徐达越小心，朱元璋越高兴。

有一回，朱元璋干脆要把以前没称帝时候自己住的吴王府赐给徐达，徐达不住地道谢，说了一千个不敢，一万个不敢。结果朱元璋不罢休，跑到徐达家里喝酒，自己不喝，光让徐达喝，徐达还不敢不喝，等人家喝醉了，他让人把徐达用被子一包，硬抬到吴王府去了。徐达醒了之后，吓得赶紧整衣束带，进宫请罪，朱元璋真欣慰啊。

就是因为这样的小心谨慎，徐达是大明王朝开国功臣里面，为数不多的得到善终的一个。洪武十八年（公元1385年），明朝第一大将徐达病逝于居庸关。

智慧精要：

徐达一生，丰功伟绩，军事才能堪比韩信，做人功夫却远远高于韩信。韩信性格中的矜功自傲、桀骜不驯，最终导致了他的悲惨结局。相比之下，徐达则显得尤为低调和谦恭，他深知在权力斗争中，个人的谦逊与谨慎是保全自身、避免祸患的关键，所以韩信不得善终，徐达老死床箦。

面对喜怒无常、高深莫测的王上、君主，一定要能够把自己的人设立得住：踏实、稳定、谨慎、低调。徐达用自己的行动告诉我们，在复杂多变的环境中，如何保持谦逊低调，如何在权力与欲望的漩涡中保持清醒与理智。

第三章 不要等，看准时机秋点兵

——变局中一击而中的出手攻略

在历史的转折点上，切勿犹豫不决，应敏锐洞察时机，果断出击。一击而中，方能把握变局中的先机，书写属于自己的历史传奇。

该出手时就出手，毛遂自荐

公元前 258 年，秦国大军围困了赵国的都城邯郸，形势危急。赵国国君深感忧虑，遂派平原君赵胜前往楚国，寻求援助并倡议建立"合纵"之盟，以联合其他诸侯国共同对抗秦国的扩张。

平原君此行肩负重任，立下了坚定的决心，无论采取什么样的方式，都要说服楚国加入"合纵"，达成这一关乎国家命运的同盟。

此行任务艰巨异常，不仅需要随行人员拥有过人的勇气，更需具备非凡的智慧与应变能力。平原君决定从众多门客中精心挑选二十位精英随行。然而，在仔细筛选之后，真正符合要求的却仅有十九人，其余之人皆难以胜任此等重任。

一位名叫毛遂的门客挺身而出，主动请缨："我闻先生欲往楚国缔结合纵之盟，需选二十勇士同行，而今尚缺一人。毛遂虽不才，但愿以微薄之力，为先生凑足此数，共赴时艰。"

平原君闻言，遂问毛遂："先生屈居赵胜门下，已历几载？"

毛遂从容对曰："三年矣。"

平原君微露失望之色，叹道："夫贤士若锥处囊中，其末立见。先生居吾门下三载，未曾显露锋芒，恐无大才。此行凶险异常，先生还是留在家中，勿要随我蹈涉险地。"

毛遂对曰："昔日我未尝自荐于囊，若早处囊中，非但锥尖得露，恐如禾穗之芒，挺露无遗矣。今愿借此行，一试锋芒，请君拭目以待。"

平原君闻其言，颇为动容，遂携毛遂同赴楚国。然同行之人，皆以异样的眼光视之，或讥或嘲，以为此人狂妄自大，不知天高地厚。

抵达楚国后，平原君对楚国国君反复申明合纵的重要性和对于楚国的利害关系，从早至晚，楚国君臣都没有被说服。此时，那十九个人便撺掇毛遂："先生上去，说服他们！"

毛遂也不客气，仗剑登阶而上，对平原君说："合纵之利害，两句话就能决定，怎么却耗了这么长时间？"

楚王问："这是谁，来干什么？"

平原君说："这是我赵胜的舍人。"

楚王非常不高兴："还不下去？我跟你的君侯说话，你算什么东西！"

毛遂不但不怕，反而仗剑前行一步，说道："大王，你之所以敢斥责我毛遂，是因为你们楚国人多势众。现在，十步之内，你的性命攥在我毛遂的手心里，你还怎么依仗你的人多势众？"

楚王的侍从们都惊慌失措，纷纷想要保护楚王，平原君一干人也非常担心，毛遂却丝毫不担心自己的安危，继续连珠炮般说了下去："我的君主就在面前，你实在不应该这么疾言厉色地斥责我。再者说了，我听说汤能够仅仅凭借七十里的国土却能够统一天下，文王也能够凭借百里的土地令诸侯对自己称臣。汤和文王并没有人多势众啊，他们只不过是能够挖掘自己的优势罢了。

"如今，楚国土地方圆五千里，持戟士卒上百万，这确实是霸王之姿，天下难挡。但是，秦国的将领白起不过是一个小小的竖子，却能够率几万部众攻打楚国，一战而拿下你们的鄢、郢，二战而能够烧掉你们的夷陵，三战而能使你们的祖先蒙羞受辱。这样的百代之仇，就连我们赵国都深感羞耻，大王您啊，身为楚国国君，却无动于衷。

"所以说，合纵之事，是为了你们楚国能够继续生存，对秦国报仇雪恨，又不是为了我们赵国，我的君主在前，你斥责我所为何来？"

楚国的国君被说到痛处，汗流浃背，不停地点头："是，是，先生说得对，现在我们就以社稷来订盟。"

毛遂再追问一句："合纵之盟，您可下定决心了？"

楚王答："下定决心了。"

于是，三方歃血为盟。

平原君成功订盟，楚王派春申君发兵救赵。

回国之后，平原君感慨地说："我赵胜鉴选人才许许多多，自以为天下人才皆入我眼中，却在毛先生这里大大地看走了眼。他的三寸之舌，胜过百万之军。我以后再也不敢夸耀我的识人之能了。"从此待毛遂以上宾之礼。

智慧精要：

作为平原君的门客，混杂在许许多多的门客之中，毛遂平时显然是十分低调的，所以没有引起平原君的注意，也没有发现他的才能。但是当机会来临，毛遂就不再低调。在赵国危局当前，他能够大展才能，凭借三寸不烂之舌说动楚王发兵救赵，显然这是一个厚积极薄发，该出手时就出手的典型。如果一辈子不出手，就只能让别人给他打上平庸的标签；而抓住时机，一朝出手，便青史留名。

出手就要稳准狠，勾践灭吴

春秋时期，吴国和越国是一对老冤家，两个国家地盘相邻，经常打仗，不是你打我，就是我打你。

在一次吴越交战中，越军杀得吴军大败，吴王阖闾重伤不治，临终向儿子夫差交代遗言，要他为自己报仇雪恨。于是夫差登上王位后，就日夜操练兵马，随时准备为父复仇。

公元前494年，吴国大军把越军围困在会稽，越王勾践派人求和，吴王夫差不听伍子胥的劝阻，在收受了越国贿赂的佞幸之臣伯嚭的煽动之下，同意接受越国投降。不过，越王勾践要带着妻子到吴国，为夫差做奴仆。

勾践携带妻子和大臣范蠡一同到了吴国，勾践喂马，范蠡为奴，苦熬日月。勾践甚至为了取得吴王的信任，不惜在他得病时为他尝粪。夫差感动，不久后无视伍子胥杀掉勾践的建议，执意放勾践回国。

勾践回国后，不睡柔软的床铺，只如在吴国那样，睡在柴草上面；而且屋里悬挂苦胆，每天都要尝苦胆的味道，提醒自己不要忘记在吴国所遭受的苦难和屈辱；他和妻子吃粗糙的食物，穿粗布的衣裳，以此鼓励国人节俭；他和百姓一起耕田，他的妻子和妇女一起织布，以此鼓励国人勤于农桑。

同时，他加强练兵，日夜都不懈怠。

但是在明面上，越王勾践又保持着对吴国的恭谨态度，并且重金贿赂伯嚭，让他继续在吴王面前替自己美言。所以，吴国对越国放下警惕，而且多有扶持。甚至在越国遭受饥荒的时候，吴国还借给越国粮食以度过荒年。但是越国次年归还粮食时，却把粮食煮熟，以至于吴国用这些粮食做种子的时候，导致田地大面积绝收，产生粮荒。

越国大臣范蠡还将美人西施送给夫差，使夫差整天沉溺在酒色之中，不理政务。

如是数载，直到公元前482年，吴王夫差率大军北上，参加与晋国的黄池会盟，国都只有太子留守，勾践知道，机会来了！

于是，越国精兵悍将数万倾巢而出，直奔吴国，直杀得吴国毫无还手之力；攻入吴都后，吴国太子也被杀。

夫差得到消息，急忙回国迎击越军，又在半路被越军大败，无奈只能求和。勾践知道以自身实力，目前尚且吃不下整个吴国，所以应允。但是吴国从此实力大衰。

勾践不灭吴国誓不罢休，又于公元前476年再次率兵伐吴。次年，夫差遭到越国重兵围困，越军最终攻入吴都，吴国灭亡。

这场复仇计划，足足坚持了将近20年。至于吴王，则深恨自己有眼无珠，没听伍子胥的话，以布蒙眼，举剑自刎。

智慧精要：

后人有一副对联是这样写的："有志者事竟成，破釜沉舟，百二秦关终属楚；苦心人天不负，卧薪尝胆，三千越甲可吞吴。"越王勾践失败后能够忍辱负重，回国后能够不忘前耻，漫长的时间线里能够苦心志，劳筋骨。最终在时机到来时，一举出手，成功复仇，这是胸怀大志者该有的责任、担当、耐心、眼光和志向。

既看准时机又了解对手，孙膑杀庞涓

孙膑与庞涓，皆师从鬼谷子，研习兵法。庞涓先成魏国大将，恐孙膑之才胜于己，遂设计陷害孙膑。他假意邀请孙膑至魏国相助，实则罗织罪名，残忍地挖去孙膑双膝，致其终身残疾，并囚于暗室之中，以绝后患。

孙膑身处绝境，智慧不减，为求自保，佯装疯癫，言行荒诞，令看守之人放松警惕。恰逢齐国使臣出使魏国，惜其遭遇，遂暗中策划，将孙膑藏于车中，秘密救回齐国。

齐威王闻孙膑之名，素知其才，见其人后，更是大加赞赏，遂拜为军师，委以重任。

孙膑与庞涓二人有过两次交手。

第一次是在公元前354年。这一年，魏国派庞涓率兵包围赵国国都邯郸，赵国派使者向齐与楚两国求援。于是，齐国军队由田忌和孙膑率领，前去救援赵国。

当田忌和孙膑率兵进入魏国和赵国的交界之地时，田忌想要直逼赵国邯郸，孙膑却制止了，他说："一团绳子胡乱扭缠在一起，握拳去打是打不开的。既然想要平息纠纷，自然是要抓住要害，乘虚取势，双方都受到制约，这样才能够自然分开，而不再纠结缠绕在一起，像乱线团一样。

"现在魏国倾一国之精兵而攻打赵都邯郸，如果我们直接攻打魏国，庞涓一定会回师解救，这样一来，邯郸之围自解。然后，在庞涓回师途中，我们再中途伏击，其军必败。"

田忌依计而行，魏军只得撤军返回魏国。中途又遭齐军伏击，双方交战于桂陵，魏军疲弊，溃不成军，庞涓勉强收拾残部，退回大梁。孙膑的"围魏救赵"之计完胜。

第二次是在13年后，周显王二十八年（公元前341年），魏国发兵攻韩国，韩国向齐国求救。齐国应允救援，齐威王任命田忌为主将，田婴为副将，孙膑充任军师，居中调度。

魏惠王命太子申为上将军，庞涓为将，率雄师十万，扑向齐军，要一决胜负。

结果魏军步步紧追，齐军就步步退避，一边退避一边减灶。庞涓一见，认定这是齐军在魏军的军威之下，斗志涣散，士卒不断逃亡，于是下令部队丢下步兵和辎重，轻骑追敌。

等他带轻骑日夜兼程，追到马陵，见剥皮的树干上写着字，但是天黑看不清楚，就让人点起火把照了一下，发现树上写着："庞涓死于此树之下。"

庞涓大惊，正要开口传令撤退，却不知他们早钻进了齐军的伏击圈。齐军万箭齐发，魏军大败。庞涓智穷，大叹"遂叫竖子成名"，自刎而死，一说被乱箭射死。

这就是历史上有名的马陵之战。

智慧精要：

常言道："君子报仇，十年不晚。"想要完全、彻底地打败战斗力强大的敌人，更是要做好谋划，看好时机，一击毙命。孙膑了解庞涓的性情急躁、心胸狭窄，所以一旦机会来到，就果断运作，对他围捕诱杀，一举功成。孙膑此举，既有长久等候时机的耐心，又有该出手时必出手的狠辣果断。

能屈能伸，冒顿单于灭东胡

冒顿，匈奴单于、军事家、军事统帅。他是个草原枭雄，公元前209年，杀掉父亲头曼单于，自己继位。

冒顿当上单于后，需要面对东胡这个强大的部落。

东胡部落派来使者，说想要头曼的千里马。

冒顿征求群臣的意见，群臣都不同意："这是匈奴的宝马，为什么要给东胡！"

冒顿说："不至于为一匹马伤了和气。"于是就把马送了过去。

东胡觉得冒顿太好说话了，骨头太软了，太好欺负了，那就再进一步好了。于是，东胡又派来使者，这次不是要马，是要冒顿的阏氏——就是老婆。

冒顿再次征求群臣的意见，群臣意见更大了，纷纷建议出兵攻打东胡。

冒顿说："不至于为一个女人伤了和气。"于是，他把自己年轻貌美的阏氏也送了过去。

东胡王真是喜出望外，想不到冒顿这家伙，要啥给啥。于是，他再次派使者出使匈奴。

东胡的使者在匈奴单于面前大摇大摆地说："我们大王说，想要我们两族之间的那块空地。反正那个地方偏远，你们也去不了，不如送给我们大王，使两族更加交好。"

冒顿又征求群臣的意见。这次群臣都没什么意见，不过就是一块儿荒地，宝马和美人都送出去了，这块荒地又不值钱，送就送吧。

没想到冒顿不干了，勃然大怒，拍案而起："你们都胡说八道些什么？土地是命根子，没有土地怎么立国？宝马、美人在其次，唯有土地，不能给出一分一厘！"

于是冒顿一声令下，让几个主张把土地给东胡的臣子都掉了脑袋。然后，冒顿上马，点兵，千骑万骑向东胡。

东胡王根本没有做一点防备，实在是觉得冒顿这个人太不值得防备了，结果却被打了个措手不及，全军覆没。东胡大败，东胡王死，东胡的百姓、牲畜、土地，全都归了匈奴。

智慧精要：

一个人若步步后退，往往会让人放松警惕。然而，当他退至底线，再猛然反击，那必定是蓄势已久，足以横扫一切阻碍。冒顿单于之所以能慷慨赠马、献妻于东胡，一方面是因为这些并非他的底线所在，另一方面则是为了麻痹东胡，使其丧失警惕。当东胡的贪婪之心日益膨胀，竟敢索要土地之时，冒顿单于的强烈反击便如雷霆万钧，他用实际行动昭告天下：寸土不让，是为底线。能屈能伸，方显大丈夫本色；审时度势，方为真英雄。这两点，冒顿单于都展现得淋漓尽致。

打蛇打七寸，傅介子万里斩杀楼兰王

傅介子，西汉时期著名外交家、勇士。他原本是个读书人，却志向远大，不满足于一生困守书斋，所以弃文从军，成为郎官。

汉与匈奴在西域的势力争夺，犹如一场激烈的拔河比赛。起初，由于匈奴势力强大，西域的众多小国均对其心存畏惧，导致汉朝的使节在出玉门关后，不得不绕道以避其锋芒。而楼兰小国，恰好位于敦煌以西的战略要地，其地理位置如同瓶颈一般，扼守着汉军西出的重要通道。

为了迎合匈奴的意愿并维护自身安全，楼兰国甚至与龟兹等小国联手，多次对汉朝的使节进行劫杀，这一行为无疑加剧了汉朝与西域地区之间的紧张局势。

傅介子出使大宛，经过楼兰之时，斥责楼兰王的恶行，楼兰王一边赔罪，一边透露匈奴使者要经过龟兹去乌孙的行动。于是傅介子到了龟兹后，又把龟兹王斥责了一通。

结果傅介子从大宛返回的路上再过龟兹时，却得知匈奴使者从乌孙回来后，正在龟兹歇脚。傅介子二话不说，率众人斩杀匈奴使者。

回长安后，傅介子升为中郎将。

众多西域小国在汉和匈奴之间来回摇摆，立场不定，十分让人头疼，傅介子于是请命刺杀楼兰王和龟兹王，以敲山震虎，杀鸡骇猴，使得西域各国敬畏大汉国威。

朝廷商量后，决定派遣傅介子刺杀楼兰王。

傅介子带着队伍，运载金币、丝绸等物，以给西域各国颁发赏赐的名义，途经楼兰。但是楼兰王躲在城里，傅介子见不到人，只好带着队伍继续西行。

到了楼兰西边国界的时候，傅介子一拍脑门，对楼兰派出的翻译说："这次带的黄金和丝绸也有楼兰国的，你们的大王不出面，我只能把它们送到西面的国家喽。"边说边向他展示这些黄澄澄的金币和柔软美丽的丝绸。

翻译赶紧回去向楼兰王报信，楼兰王马上赶到边界来见傅介子，傅介子命人支帐篷、燃篝火，摆酒宴款待楼兰王，还把黄金和丝绸拿出来给楼兰王过目，楼兰王觉得汉使这是诚心要交好自己，便放下心来。

傅介子见火候到了，就请楼兰王跟自己来，说有事商量。楼兰王就大摇大摆地独自跟着他进到帐篷里面，没想到帐篷里早就埋伏好了勇士，楼兰王被一击毙命。

楼兰王死了，外面的楼兰武士、王公贵族以及部属还在，怎么办？傅介子面无惧色，擎着楼兰王的头颅掀帘出帐，面对那些因突如其来的变故而惊疑不定的楼兰人，以洪亮的声音传达汉朝的旨意："吾等奉天子之命，特来诛杀楼兰王安归，以曾在长安为质的太子取而代之，以安楼兰民心，保西域和平。"

楼兰人骚动渐息。傅介子又命令他们不要乱动，汉军马上就到，谁动杀谁。这些人就真的一动不敢动了。于是傅介子就带着楼兰王的首级顺利撤退。回到长安后，楼兰王的首级高挂北阙，示威四方。傅介子因功受封义阳侯。

后人为傅介子写了众多脍炙人口的诗句，例如，"黄沙百战穿金甲，不破楼兰终不还"。这句出自唐代诗人王昌龄的《从军行》，它以豪迈的笔触描绘了边疆战士的英勇与坚韧，表达了不破敌国誓不还的壮志豪情。

又如，"愿将腰下剑，直为斩楼兰"。这句则出自唐代诗人李白的《塞下曲》，李白以浪漫主义的情怀，表达了自己愿提剑上阵，直取楼兰敌首的英勇与决心，同样是对傅介子智勇非凡的一种传承与颂扬。

智慧精要：

傅介子斩杀楼兰王，虽是情势所需，但是困难重重。一难难在怎样让戒备心深重的楼兰王现身，二难难在斩杀成功后如何在楼兰人的包围下脱

身。这两大难题均被傅介子以其非凡的智勇一一化解。

他能够抓住楼兰王的心理，诱使他出现；又能够抓准时机，一击即中；再能够打蛇打七寸，瓦解楼兰人的同仇敌忾之心，所以才能够一战功成。傅介子的故事告诉我们，想要办成大事，勇气、智慧、眼光缺一不可。

抓住时机不能等，桥玄办案

桥玄，东汉名臣，一生宦海沉浮，不阿权贵，清廉如水，虽然位极人臣，死后却家徒四壁，甚至连放棺材、布置灵堂的地方都没有。

东汉著名文学家蔡邕称赞桥玄"有百折不挠，临大节而不可夺之风"，即成语"百折不挠"的出处。

桥玄年轻时在他的老家梁国睢阳做县吏。豫州刺史周景来行郡视察，他跑过去告状，告的是豫州陈国的国相羊昌。

所谓国相，是两千石的大员，他只是一个县吏，但是他不怕。

而且，对方是隔壁陈国的国相，跟他八竿子打不着，上下不相统属，但他认为羊昌罪行累累，他就要管。

羊昌之所以横行无忌，是因为他背靠大将军梁冀——人称"跋扈将军"，可知多么凶横。所以羊昌仗势作恶，为祸乡里，别人都不敢惹，但是桥玄敢惹。

看准时机后，他就向来视察的刺史大人主动请缨。刺史一看，这小子行啊，当即就让他去调查。

桥玄二话不说，立马上任，马上拘押了羊昌的门客，对他们严加拷问，尽一切可能搜集羊昌犯罪的铁证。

羊昌便向大将军梁冀求救，梁冀派快马传来消息，要求桥玄停止调查，桥玄不搭理；梁冀也有点发懵，还没有谁敢这么不买自己的账。于是他就向豫州刺史周景施压，要周景立即召回桥玄。周景曾经是梁冀的属下，所以不得不照办。

与此同时，桥玄查案也到了最关键处，因此，他对召自己回去的公文不加理会，只是继续抓紧查案！

随着查案力度越来越大，羊昌的罪证越来越多，全都无可辩驳、无法抵赖。桥玄就这样强行把陈国相的案子给办成了铁案，把这家伙塞进槛车里送走，才算了结。

因此一事，桥玄名闻遐迩，不久即被举为孝廉，去洛阳当官了。

智慧精要：

桥玄想要查办羊昌，难度太大了，他官小职微，鞭长莫及。但是这件事硬是给他做成了，就因为他敢于进言，抓住时机，有胆气在受到阻挠的时候拼命行事。既聪明有手段，又够胆有勇气。想要做成事，在机会到来的时候，如果能够看得准，那就不要犹豫，出击吧！

孤注一掷，寇准"逼"真宗亲征

宋朝景德元年（公元1004年）秋，辽太后萧绰和圣宗耶律隆绪亲自率领二十万大军南下，直逼黄河岸边的澶州城下，宋都汴梁面临危险。

警报一夜五传，京城群臣一片乱哄哄。皇帝自然害怕，想躲到内宫，寇准不许，说："皇帝您回到内宫，臣就没办法随时见到您了，国家大事怎么商量？国家大事都不能定夺，国家不就也完了吗？所以请您别回内宫了，马上采取行动才行。"

真宗没办法，只好召集君臣商议亲征之事。

有参知政事王钦若想请真宗避祸移驾金陵，因为他就是江南人；有大臣陈尧叟想请真宗避祸移驾成都，因为他是蜀人。寇准说："有谁要替陛下出这种计策，陛下就可以处死他们了。现在只需要陛下带着众臣

51

御驾亲征，我军士气大振，敌寇自然望风而逃。您若是放弃宗庙社稷，跑到遥远的楚蜀之地避祸，人心必定离散，敌寇便会长驱直入，国危矣。"

真宗被寇准"逼"得没办法，只得亲征澶州。

但是到了澶州南城，君臣又停下了脚步，因为契丹兵势好旺盛啊。

此时，寇准又请求真宗过黄河，否则宋军将士看到陛下明明已经到了澶州却不敢再往前进，军心会更加恐慌的。再者说了，敌军气势再旺盛又有何用？打仗又不能仅凭气势取胜。有将士坚守，有将士拒敌，又有将士四方救援，陛下不用怕，只管前进就是。

群臣惧怕，真宗徘徊不前，寇准说服大将高琼一同进见，高琼在真宗面前拍胸脯保证寇准所言不虚，寇准趁热打铁："机不可失，这就请陛下亲自率兵讨贼吧。"高琼也二话不说，马上命人推来辇车，真宗于是就这么被推过了黄河，来到澶州北城门楼，也就是战争的最前线。

士兵们看见皇帝真的来了，欢呼声传到几十里外。此后有真宗"镇"着，宋军终于扭转颓势，契丹求和，河北兵祸消除。

兵事结束后，双方签订澶渊之盟。

至于寇准，更受真宗信任和重用，但后来王钦若对真宗进谗："寇准要您御驾亲征，其实就好比下棋，是拿您的性命做赌注，来了个孤注一掷。要是我军战败，您的命就没了。"

真宗大怒，寇准被贬官去职。

这些，就都是后话了。

智慧精要：

历史上，澶渊之盟的订立，明明是宋朝战胜，却反过来要给辽国上供，这说明强文弱武的宋朝面对辽国入侵的时候，心气就是弱的。难怪一遭到入侵，君臣的一致反应就是迁都，避其锋芒。

在这种情况下，寇准确确实实在孤注一掷，而且还被他下注下赢了，因为他理解作战将士的心：他们希望皇帝能够和他们同生共死，一起保卫家园，所以皇帝一到，士气如虹。

在当时的形势之下，皇帝亲征是解决辽国入侵大问题的最优解，由不得寇准不赌上自己的身家性命，也要来一个孤注一掷。这是他的大情怀、大勇气和大智慧的表现。

第三章　不要等，看准时机秋点兵——变局中一击而中的出手攻略

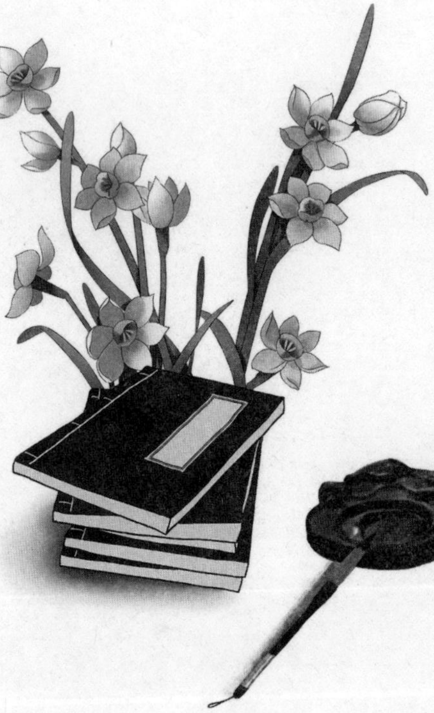

第四章 不要急,时机未到下慢棋
——变局中步步为营的成事策略

历史上诸多成功经验表明,面对变局不可急躁,时机未到时宜下慢棋。步步为营,稳健布局,方能厚积薄发,最终成就一番事业。

疲敌之计，伍子胥"三师肄楚"

春秋时期，吴国和楚国这对老冤家打来打去，没完没了。

吴王阖闾执政之时，志在灭楚，继而进入中原。伍子胥原为楚之旧臣，楚对其有杀父之仇、灭族之恨，所以灭楚之心迫不及待。他为吴王出谋划策的同时，又向吴王推荐孙武，孙武被任用为将，与伍子胥共同对付楚国。

阖闾三年（公元前512年），吴王阖闾先击破楚国的依附力量，断其两翼。接着，伍子胥和孙武又提出"三师肄楚"策略。

所谓"三师肄楚"，就是将吴军分为三师，轮流袭扰楚国边境，"彼出则归，彼归则出"，总之就是敌疲我打，敌退我追。

如吴王派军攻楚边地，楚军往援，吴军即退；楚军回师，吴又攻弦；楚再驰援，吴军又撤。楚军被牵制、消耗得疲惫不堪。

此后吴军年年如此，楚国边境苦不堪言，如是六年。

公元前508年，楚国的一个附属国叛楚附吴，伍子胥唆使楚国的另一个附属国引诱楚国前来攻吴。楚国上当，果然派兵攻伐吴国。

伍子胥明面上安排大量船只拒守，暗地里潜伏主力。楚将于是被吸引目光，觉得吴国主力都在江上，放松了对陆上的戒备，被吴军乘机从陆地大举进攻，楚军被杀得大败。

吴国将近六年的忽南忽北，袭扰疲敌之计，既消耗了楚军的士气，又误导了楚军的战斗方向，让楚军误以为吴国只是对边地进行袭扰而已，所以边邑层层防守，国都地区反而战备松懈。于是当吴军大举攻来时，楚军的失败就是注定的了。

智慧精要：

面对一个体量大、战力强的劲敌，在时机尚未成熟，无法一口吞下的时候，不要操之过急。不妨学学伍子胥的疲敌之计。蚁多咬死象，不要忽略点点滴滴的零碎功夫。通过持续不断的小规模行动或策略，逐渐消耗对方的实力与意志，是一种行之有效的策略。

这种战略和战术的成功，关键在于执行者的心智稳定与耐心。若执行者性情急躁，缺乏长远眼光或坚韧不拔的毅力，那么这种策略就很难得到有效实施。因此，对于面对强大对手的情况，保持冷静的头脑，制订周密的计划，并持之以恒地执行，是取得最终胜利的关键。

放长线钓大鱼，"奇货可居"吕不韦

当初，秦始皇的父亲嬴异人是作为质子在赵国的邯郸生活的。

身为别国质子，嬴异人的日子肯定不好过，也会被人瞧不起，很少有客人登门造访。但是这天，却有一个卫国的商人求见，他就是吕不韦。

在吕不韦的刻意结交下，他和嬴异人很快熟悉起来，并开始为嬴异人出谋划策。

比如，能被发配到别的国家做质子的人，都是不受国君待见或重视的，于是吕不韦就替嬴异人花重金牵线搭桥，使他能够投靠秦国国君的宠妃华阳夫人，并且说服无子傍身的华阳夫人认嬴异人为子，尽力扶持他将来执掌秦国大权，这样华阳夫人也就后顾无忧了。

在吕不韦的尽力斡旋下，华阳夫人和嬴异人果真以母子相称，华阳夫人就在国君身边不停地说嬴异人的好话。

吕不韦又将赵姬赠予嬴异人，而赵姬所生的儿子便是嬴政，即中国历史上第一位建立大一统的封建制国家的皇帝——秦始皇。

秦昭襄王五十年（公元前257年），秦赵两国交战正酣，嬴异人身处赵国邯郸，处境极其危险。此时，吕不韦毅然拿出他的半数家产，贿赂了秦国守城的小吏，这才使得嬴异人能够秘密逃出邯郸，安全返回秦国。而嬴异人的妻儿，即赵姬与幼子嬴政，则被迫留在了赵国，由吕不韦负责照顾。

六年后，秦王（即秦昭襄王）驾崩，嬴异人的父亲继位成为新的秦王，随后嬴异人被立为太子，嬴异人也终于能将妻儿接回身边了。

正式即位三天后，嬴异人的父亲去世，嬴异人继位成为秦王。

至于吕不韦，原本不过是一个商人，却拜相封侯。

嬴异人在位三年后去世，年仅13岁的嬴政继位，吕不韦被尊为"仲父"，大权独揽。

可以说，这是吕不韦放的最长的线，投的最大的资。

当初，吕不韦到赵国的邯郸是去经商的，他见到嬴异人后，觉得"奇货可居"，回去后和他的父亲有这样一番对话。

他问父亲："耕田可获利几倍？"

父亲答："十倍。"

吕不韦接着问："贩卖珠玉，获利几倍？"

父亲答："百倍。"

吕不韦继续问："立一个国家的君主，可获利几倍？"

父亲说："无数倍。"

吕不韦下定了决心拥立嬴异人为君主，获利无数倍。

智慧精要：

在一个商人地位极为卑微的时代，想要摆脱商人身份，实现社会阶层的跨越，其难度可谓难上加难。然而，吕不韦却以其独到的眼光，选择了一个看似前途渺茫的一国质子作为投资对象，并屡次不惜倾尽家财，为他铺设道路，构建人脉网络，甚至在生死关头，也毫不犹豫地重金相救，为他谋求一线生机。

这一切的所作所为，吕不韦的终极目标并非仅仅追求普通商业交易所能带来的利润，而是着眼于那远超于此百倍、千倍，乃至无法估量的长远利益。这种策略，恰似放长线钓大鱼，需要一种超乎常人的耐心与稳健的心态，不能急于求成，而需步步为营，稳扎稳打地布好每一步棋局。

李牧示敌以弱，骄兵之计大破匈奴

战国时期，北方匈奴部落的骑兵频繁侵扰赵国边境，烧杀抢掠，无恶不作。面对这一严峻形势，赵国大将李牧被委以重任，长期镇守于北疆的代郡与雁门之地。

然而，李牧的治军策略初看之下却显得颇为保守，甚至有人误以为他胆怯畏战。他专注于强化内部，严格督促士兵进行刻苦训练，同时派遣大量斥候深入敌后，密切监视匈奴的动向。更为独特的是，他颁布了一道严令：当匈奴骑兵来袭时，全军需迅速撤回城堡固守，严禁擅自出击捕捉匈奴骑兵，违者将受到严厉的军法处置，乃至斩首。

这样一来，就形成这么一个局面：匈奴一来，斥候查知，报告上来，同时烽火台举火报警，于是士兵就都躲进堡里，不出门。

时间一长，匈奴觉得李牧真是一个怂包、软蛋。

不光匈奴觉得李牧是个胆小鬼，就连赵国的国君也看不下去，撤了他的职，另外派一个勇猛的将领守边。

于是匈奴来犯，赵军出战，但是敌我力量悬殊，赵军就只能屡战屡败，损失惨重。

赵王没办法，就让李牧官复原职，于是李牧继续守边，和匈奴打交道。但是他跟赵王请求要按照自己的部署来，否则工作没办法开展。赵

变局九略

王答应了。

李牧重新上任后，赵国军队又变回了老样子，匈奴一来就跑，躲起来让匈奴打不着，反正不会正面交战。匈奴越发觉得李牧骨头软，是个废物将军，只要他在边关一天，就不值得警醒。

李牧这边却一切操练都正常进行，把士兵训练得很苦，但战斗力却猛涨，将士们渴望能够上战场杀敌，挣军功。

李牧就一点一点放开了手里的"缰绳"，先是让百姓出城放牧。在匈奴人的眼睛里看来，遍地的牛羊和百姓都是他们的财物，于是派出骑兵来犯。可是等斥候回报消息，他又把百姓收了回来，自家士兵和匈奴作战也是一触即溃，"大败"而回。

如是反复，匈奴单于终于决定一鼓作气，率领大军，南侵赵国边境，长驱直入。

让匈奴人没想到的是，他们的大军面对的，不是仓皇逃跑的赵国军队，而是李牧训练出来的精兵强将。赵军将他们包抄合围，一举歼敌十万！匈奴单于赶紧逃得远远的，10多年不敢犯边。

智慧精要：

敌强我弱的情况下，要想打败敌人不容易，李牧实行了骄敌之计，即让对方认为我方很怂，而对方果然就认为李牧很软弱。然后李牧攻其不备，狠下死手，打得敌人10多年不敢再扰。

这就是心计所在：躲着你，避着你，让你有误解。匈奴就是被这样的示弱和假相给坑了。所以示弱并不丢人，只要不是真的弱，尽可以把"弱小、无助、可怜"摆在台面上，这时候，谁被表面现象欺骗了，谁就输了。

不要急，刘秀步步笼人心

西汉与东汉之间，有一段动乱年代。一个名叫王郎的拉大旗扯虎皮，自称汉成帝之子，于邯郸自立为帝。公元 24 年，光武帝刘秀联军攻入邯郸，杀死了他。

王郎的王宫里有几千封来自全国各地的信，自然是中伤刘秀，献计如何诛除刘秀的内容。其中写信的必然不乏联军中的人物——很多人都是两头下注的，王郎胜则依附王郎，刘秀胜则依附刘秀。

这些信刘秀看都不看一眼，当着各路兵马将领的面，付之一炬。那些和王郎暗地联系，或者亲族中有人和王郎暗中联系的人，大大地松了一口气，从此以后，安心跟着刘秀打天下了。

与此同时，一个名叫刘玄的人，也当了皇帝。刘玄是汉景帝刘启之子，长沙定王刘发的后代，论起亲戚关系来，他算是刘秀的族兄。

刘玄由绿林军拥戴称帝，王莽建立的新朝灭亡后，他入主长安，成为天下之主。

王郎被灭后，刘玄封刘秀为萧王。

只是刘玄并非明主，入主长安却不理朝政，任由部下胡作非为，百姓生活艰难，全国各地豪强纷纷起兵，烧杀抢掠。

与他们相比，刘秀领导的汉军则军纪严明，十分得民心，接连打败其余军队，并且封降将为列侯。但是，这些投降将领生怕被刘秀秋后算账，并不能够安心。刘秀就让他们回到原来的军营，统帅各自的部队，而他只带少数几个随从，巡视这些人的军营。

这些降将因为得了刘秀的信任，心服口服，从此愿意跟随刘秀。

智慧精要：

太阳底下，并无新事。曹操攻破袁绍，也曾经收缴大量部下和袁绍通敌的信件，他为免引起人心浮动，也把它们付之一炬。朱元璋也曾经为了安抚降卒之心，故意在他们的围绕之下酣睡，以示待他们如同心腹。

这么做的好处，一是可以安定人心，免得那些犯下罪行的人因为罪行败露，铤而走险。二是可以稳定组织运转。敌人已灭，后方以稳定为上，前方才可以继续挺进。三是立起宽宏大量、大度待人的人设，可以吸引来更多的人才。

刘备百忍下慢棋

刘备，字玄德，涿郡涿县人，西汉中山靖王刘胜之后，三国时期蜀汉开国皇帝。

他这一生，称得上颠沛流离，百忍成帝。

公元189年，刘备时任高唐县令。高唐城被盗贼攻破，刘备丧土失地，按律应是重罪，只好投靠老同学公孙瓒。

公孙瓒当时在右北平一带割据，便任命刘备为帐下别部司马——刘备开始为老同学打工。

公元194年，曹操攻打陶谦，刘备奉公孙瓒之命前去救援。曹操退兵之后，刘备便留在了陶谦帐下。陶谦推荐刘备为豫州刺史，驻军小沛，以防曹操再次来袭——他开始为陶谦挡刀。

陶谦死后，刘备占据徐州。公元196年，袁术攻打占据徐州的刘备，两军相持不下，刘备的大后方却被吕布偷袭占据。刘备只好回军，又被袁术打败，只好向吕布求和，暂居小沛，又被吕布出兵击败。刘备无奈，前往许昌投靠曹操——他又换了一位主人。

公元200年，刘备趁着曹操带兵讨伐袁术之际，叛离曹操，占了徐州。曹操不久东征刘备，刘备再次战败，这次连关羽都被曹操擒住。刘备逃去河北，投靠袁绍——第四次投靠新主。

公元201年，官渡之战中，袁绍败北，刘备再次不敌曹操，南下投靠刘表。刘表把这个远房亲戚安置在了新野——第五次寄人篱下，也是最后一次。

此后刘备带着一干兄弟，按照三顾茅庐之时，诸葛亮给做的远期规划，一步一步走下去。公元221年，刘备于成都称帝，国号汉，史称蜀汉。

智慧精要：

刘备这一生，百忍成帝，一生所受白眼、冷遇、屈辱不可胜数，一而再、再而三地成为败军降将。换一个心志不坚的人，早就认命沉沦或者崩溃了。但是他却一步一步走了过来，扛了过来，成就了一番功业。所以说，胸有大志之人，不要急，当时机未到之时，不妨慢下棋，缓落子。是锥子总会出头，是金子总会发光。

困境当前，韩信明修栈道，暗渡陈仓

刘备、项羽争霸天下的早期，项羽非常强大，所以他入咸阳后，自封西楚霸王，建都彭城；刘邦则被封汉王，封地巴蜀，十分偏远。

这还不算，项羽对于刘邦虽然瞧不起，但是又不放心，所以又把章邯、司马欣、董翳三个秦朝降将封于关中，若刘邦造反东出，这三个人足够阻挡，号称"三秦"。

这么一来，等于是把刘邦赶到巴蜀之地，并且圈禁起来。偏偏刘邦还非常配合地在赴巴蜀的路上，攀越过山上栈道之后，就把途经的栈道全烧掉了。这样一来，项羽就对他越发放心了。

烧了栈道之后，刘邦自困的同时，也可以防止别人的攻击。于是他就可以在汉中安心地练兵和搞建设了，经济和军事两手抓。

但是，项羽征讨田荣等人的时候，刘邦却出兵了。只不过他所谓的出兵又显得很滑稽。

因为他手下的大将韩信每天派人去修复烧毁的栈道，但是只派很少的人，工程进度非常缓慢，看似忙忙碌碌，实则毫无效率可言，被项羽安排阻拦刘邦东出的大将章邯嘲笑。

但是，谁也没有想到，就在别人看着刘邦闹笑话的时候，刘邦的大军早已经攻占关中。

原来修栈道是韩信的主意，目的就是误导章邯，让他以为刘邦是要经由栈道出击，事实上，韩信和刘邦率领的主力部队暗中抄小路袭击了陈仓。好一个出其不意，攻其不备。

章邯抵抗不及，被逼自杀，驻守关中东部的司马欣投降，驻守关中北部的董翳投降，项羽设下的三道屏障，悉数被刘邦摧毁。

这就是著名的"明修栈道，暗渡陈仓"。

智慧精要：

天下太平只是表面的，项羽没看到底下的暗流涌动。当他正陶醉于自己建立的功业的时候，刘邦却默默蛰伏。同时，刘邦既抓生产又抓人心，既抓军事又讲策略，在奇谋秘计之下，一举建功，挣脱牢笼。所以说，要想做事成功，急躁是不成的，不停努力的同时，心态也要稳。

时机未到，司马懿收力蓄势，猛兽伏草

魏明帝曹叡晏驾同日，幼帝曹芳即位，曹爽与司马懿同为辅政大臣。

一开始曹爽敬重司马懿，辅政之初，大事小情，他都主动过去商

讨。司马懿一向谦卑，人敬一尺，我还一丈。二人相处和美，传为美谈。

但是，随着曹爽身边迅速聚集起一帮文人，比如何晏，比如邓飏，比如丁谧，比如李胜和毕轨，他就变心了。

曹爽利用自己首席执政的地位，收回司马懿兵权，给他"太傅"的尊贵虚衔，明褒暗贬，想架空司马懿。

司马懿什么也不说，他忍。

曹爽安排他的党羽爪牙把持朝中和地方实权，安排他的弟弟们把持军权与宫中权力，一时之间，权倾朝野。

司马懿仍旧什么话也不说，他继续忍。

曹爽为执政没有阻碍，方便拿捏小皇帝，立逼太后迁宫，不能再和皇帝一起住在皇帝的寝宫。

司马懿觉得危机越发临近，决定装病。

他的妻子去世，时机正好。于是他两腿沉重，目光呆滞，面容哀戚，一步一歇，颤颤巍巍，走上朝堂，跪在皇帝面前，请求致仕告老。大将军曹爽顺水推舟，司马懿光荣退休。

这一年，司马懿快70岁了。

曹芳派了最好的御医给司马懿瞧病，司马懿躺在病床上，形如槁木，眼珠无神。

曹爽麾下的谋士李胜借着要去荆州上任之机，来向司马太傅辞行，借机查探司马懿真病还是假病。他到床前拜倒："一向不见太傅，谁想如此病重。今天子命某为荆州刺史，特来拜辞。"

司马懿跟李胜打岔："并州近朔方，好为之备。"

胜曰："除荆州刺史，非并州也。"

司马懿再打岔："你方从并州来？"

李胜说："汉上荆州耳。"

司马懿继续打岔："哦，原来你是从荆州来！"

李胜瞪目结舌："太傅怎么病成这样了？"

左右的人回答："太傅耳朵聋了。"

李胜把"荆州"写在纸上给司马懿看，司马懿笑着说："我病得耳朵聋了。此去保重。"

说完，司马懿以手指口，意思是要喝汤。侍婢端上汤来，司马懿也不接，用嘴直接喝，颤颤巍巍洒了一身，一边喝着就哽哽噎噎地哭了："我老啦，很快就要死啦。两个儿子都不行，希望您能多教导他们。您见了曹大将军，请替我美言，千万要好好对待我那两个儿子！"

李胜回去向曹爽汇报，曹爽大喜，自谓高枕无忧，从此彻底放心。

司马懿一口气在病床上躺了两年零八个月。

正始九年（公元248年）正月初六，少帝曹芳要祭拜高平陵，曹家兄弟们陪王伴驾，一同出行，京城兵权为之一空。

司马懿当即召来两个儿子司马师和司马昭，带着秘密培养的三千武士，分头行动，一举夺权成功。

正始十年（公元249年）正月初七，曹爽投降，最终全族被诛，他的小弟们也一个也没有逃得过去。斩草除根的道理司马懿太明白了。猛兽伏草，蛰伏既久，暴起必定噬人。

智慧精要：

司马懿一生谨慎，此次是他最大的冒险。一旦失败，整个司马家族死无葬身之地。此时，他已经71岁，年逾古稀，身处乱局，忍常人所不能忍，直至一击得中。

时局纷乱，变局当前，不可急躁冒进，不可与敌针锋相对，须冷静下来，力不可发时，忍常人之不能忍。犹如猛兽伏草，收力蓄势，为的就是奋然而起，一口扼住敌人喉咙，让他再也不能翻身。

收放之间，主动权在我，曹操驱虎吞狼

公元 200 年的官渡之战中，袁绍败于曹操之手，两年后病亡。袁绍之子袁谭、袁熙、袁尚为了争位开战，再加上曹操的攻伐，一团乱麻。

后来袁谭被曹军所杀，袁熙和袁尚则逃到乌桓。

乌桓是汉末三国时期的游牧民族，远离中原地区。当初袁绍把本家之女嫁与乌桓首领蹋顿为妻。袁尚和袁熙率军民十余万户投奔蹋顿，蹋顿一下子实力大增。

建安十二年（公元 207 年），曹操出兵讨伐蹋顿，蹋顿大败被杀，袁尚和袁熙又带着数千骑兵逃到了辽东。

在辽东，公孙一族是名门大族。公孙康的父亲公孙度在董卓当政时，被举荐为辽东太守。他既能把当地豪门大族收拾得服服帖帖，又能把相邻的高句丽打得彻底服气，还派兵击败乌桓，打下东莱，一举荡平辽东。

公孙度并不买汉朝的账，自封辽东侯、平州牧。汉朝内乱不休，自顾不暇，也拿他没办法。曹操掌权后，为了安抚公孙度，干脆表奏公孙度为武威将军，封永宁乡侯，结果他却说："我是辽东之王，谁稀罕你的什么永宁乡侯？"

袁家两位公子投奔辽东时，公孙度已经病死，是长子公孙康执政。面对二袁，公孙康很为难，既想收留他们，又怕得罪曹操；不想收留他们，万一曹操要发兵灭辽东，这兄弟两个还能当助力。

公孙康的弟弟公孙恭于是建议先打听曹操是什么动向，然后再做决定。

曹操这边的动向是什么呢？

他的动向就是没有动向。听任二袁逃向辽东，先按兵不动，听之任之。

当然是有人建议曹操追击的，曹操却胸有成竹地说："不用追，我们等着就可以，公孙康会把袁尚、袁熙的人头送来的。"说完，曹操竟然班师回朝了。

公孙康派去观察曹操动向的细作如实汇报了曹操的动向之后，他就有了动作——真的按照曹操所说的那样，杀掉袁氏兄弟，把人头送给曹操，连同自己的降表，来向曹操俯首称臣。

曹操帐下将领都十分惊奇，问曹操："丞相怎么知道我们撤兵之后，公孙康会处决袁尚、袁熙？"

曹操答曰："公孙康一向畏惧袁尚、袁熙，所以他们根本不是一条心。但是如果我们一味急进，他们就会抱团反抗。而如果我们放松下来，一头恶虎和一群恶狼之间，怎么可能和平相处？"

智慧精要：

当面对外来压力时，群体往往能展现出惊人的凝聚力，外界的压力如同催化剂，促使内部成员放下私念，紧密团结，共同抵御外侮，众志成城、一致对外。然而，一旦外部威胁解除，内部张力便悄然浮现，个体间的利益纷争、权力博弈逐渐浮出水面，各自盘算，心思各异。当内部矛盾累积至临界点，其崩溃便指日可待。此时，智者往往选择静观其变，静待对方因内讧而分崩离析，从而不战而屈人之兵。

将门虎子赵匡胤小心谨慎，步步为营

赵匡胤的父亲是后周护圣都指挥使，所以说，赵匡胤是标标准准的将门虎子。后汉时期，赵匡胤置身行伍。后周世宗柴荣在位时，他跟随柴荣南征北战，战功卓著。

柴荣身患重病，药石无效，儿子年方七岁，他病逝前，除了为儿子找了三个托孤重臣之外，又任命赵匡胤做了执掌禁军的都检点，因为柴荣觉得赵匡胤跟着自己东征西战，忠勇可嘉，且心性宽厚，此人可托。

于是，33岁的赵匡胤就成为后周军队第一人。

公元959年，柴荣去世，幼子柴宗即位，很多人觉得赵匡胤手握禁军，令人不安，不如先下手为强，一杀了之。赵匡胤也加紧了自己的安排。

于是，小皇帝当政半年的时间里，一直空缺的殿前副都点检一职，由赵匡胤的少年好友当上了；原来空缺的殿前都虞候一职，由赵匡胤的布衣故交当上了；而原本就已经当上殿前都指挥使的石守信，也和赵匡胤是"自己人"。可以说，负责皇帝安全的殿前司系统，所有的高级将领，全都换成了赵匡胤的人。

当然，赵匡胤没有被杀，但是被调离，当了归德军节度使、检校太尉。

新的一年，辽和北汉要联兵入侵，赵匡胤接到皇命，二话不说，当即调兵遣将，第二天就领兵出城。跟随在他身后的是弟弟赵匡义和谋士赵普。

行军至开封几十里外的陈桥驿，将士们当晚就地扎营。

赵匡义、赵普和将领们聚在一起闲聊天，聊着聊着，就说到了皇帝幼小，大臣昏庸——"皇帝太小了，他不会知道我们将士们吃的苦，也看不到我们在战场上淌的血，更不会记住我们或嘉奖我们。"

随后就有人引领舆论："难道咱们就不能换一个皇帝？"

……

军中窃窃私语，一夜未停。赵匡胤躺在自己的营帐中，据说是喝了酒，呼呼大睡，一无所知。

次日一早，驿馆就被部下拥堵了个水泄不通，大家纷纷高声叫嚷：

"点检，点检请出来，我们请你做皇帝！"赵匡胤磨磨蹭蹭，佯作宿醉未醒，被心急的部下一拥而入，搀扶起来，净面更衣，拥他出了内室，不由分说，一袭黄袍兜头罩下，七手八脚给他穿上，把他扶上外面客堂的中间座椅上，下面呼啦啦拜倒一片："参见陛下，吾皇万岁万岁万万岁！"

赵匡胤"吓得"连忙大呼："你们这是干什么？你们想死吗？你们也想拉着我一起死吗？这是抄家灭族的大罪呀！"部下一个劲叩头："陛下，主上幼弱，大臣昏庸，我们出生入死，却出不能挣功名，入不能保性命，还请您救我们于水火之中。"

赵匡胤"无奈"地说："你们自己要贪图这泼天富贵，却把我推上了天子的位子。事已至此，我也没有什么好法子。不过有一件事，就是你们必须要听从我的命令行事，否则我说什么也不会当这个皇帝。"

部下纷纷高呼应诺，于是赵匡胤拿出早就在胸中定好的方针政策，吩咐下去："我们现在就启程回京。只是回京以后，一不得惊犯太后和主上，二不得侵害欺凌公卿大臣，三不许侵掠朝市府库。听令者赏，违令者诛。"

众人皆应："诺！"

于是，显德七年（公元960年），陈桥兵变发生，终结了五代十国长达数十年的分裂割据局面，更标志着大宋王朝的建立，从此拉开了中国历史上一个繁荣昌盛的新篇章。

智慧精要：

赵匡胤做事勇猛且谨慎，从他为人臣子到他当上皇帝，开创了一个新时代，每一步他都走得很慢，很稳，很小心，可谓步步为营。可见若是心有丘壑，不必张扬狂啸。时机未到，小心为上；时机一到，一击见功。

不露声色，隐忍待时，徐阶一举扳倒严嵩

徐阶是明代中期的名臣，自明朝嘉靖二十四年（公元1545年）得授礼部右侍郎，从此和首辅严嵩开始了十几年的暗斗。

严嵩在朝中结党营私，党同伐异，害人绝不手软，前任首辅夏言就是被他整死的。他联合儿子严世蕃称霸朝堂20年之久，整个朝廷门生弟子亲眷遍布，树大根深。徐阶看似也是其中一员，因为严嵩无论说什么，他都坚决支持；无论做什么，他都坚决执行。甚至于徐阶把自己的孙女嫁给了严嵩的孙子，两个人既是同事，又是亲家。这样的关系，如果说徐阶不是严嵩一脉，谁信啊？

严嵩专权时间越来越长，朝内七成臣子都来自严嵩父子门下，严家富可敌国。严嵩行事也越来越毫无顾忌，对敢于弹劾自己的人绝不手软。公元1553年，杨继盛弹劾严嵩被下入大狱，他的同学王世贞四处营救，严嵩父子怀恨在心，把王世贞的父亲投入大牢。王世贞虽苦苦求饶，但严嵩仍处死其父。

众人恨骂严嵩的同时，也责骂徐阶见死不救。

像这样的情况不止一次。

直到嘉靖四十一年（公元1562年），徐阶觉得火候到了，眼见得皇帝越来越厌弃严嵩父子，于是他找来自己的门生、御史邹应龙，授意他弹劾严世蕃。

事实上，邹应龙此前曾经严厉责怪过徐阶身为次辅，对于严党的祸国殃民视而不见。此次，邹应龙的奏章运笔如飞，文思泉涌，一挥而就。邹应龙的奏章一交上去，嘉靖皇帝立即将严世蕃打入诏狱，并勒令严嵩致仕告老。此后严世蕃被斩，严嵩两年后病死。

徐阶取代严嵩，成为首辅后，革弊政，清盐税，勤王事，荐人才——高拱、张居正就是由他荐举进入内阁的，海瑞因为上疏指责皇帝被定死罪，也被他救了下来。

万历十一年（公元1583年），徐阶病逝，享年81岁，赠太师，谥号文贞。

智慧精要：

严嵩能够称霸明朝朝堂二十载，他的心志深沉与狠辣超于常人；再加上他精心编织的朝堂与地方势力纵横交错，是一个巨大的保护网，想要扳倒这样的人物，既需要坚定的决心，更需要足够的耐心，极其考验"忍功"。

徐阶面对严嵩祸国殃民的倒行逆施，他的良知告诉自己要有所行动，他的理智告诉自己时机未到要忍。而他能够保持理性，一直忍到该出手时才出手，这才是他的大本事。

忍辱负重，李东阳除刘瑾，正朝纲

李东阳，明朝重臣。他初期辅佐明孝宗，明孝宗勤于政事，内阁有刘健、李东阳、谢迁三驾马车，所以国力强盛，天下太平，一切欣欣向荣。

公元1505年，明孝宗驾崩，其子朱厚照即位。朱厚照耽于玩乐，宠信太监刘瑾。刘瑾与其他七名受宠太监合称"八虎"，刘瑾为"八虎"之首。

刘瑾之所以深得帝心，是因为能够投皇帝所好，给朱厚照想出种种享乐花样，于是刘瑾很快升至内官监掌印太监，又受命掌控京师三大营之一的"三千营"，且借皇帝之名圈占300多处皇庄。朝臣们对他百般弹劾，他不但毫发无损，还升任司礼监掌印太监。

从公元1507年开始，刘瑾掌握官员升迁调免，百官见到他都要跪拜，权势气焰熏天，人称"立皇帝"。

李东阳在刘瑾大太监的阴影笼罩之下，在朝为官。正直的官员都弃官而走，他却仍旧"贪恋权势"。

当初朝中重臣六部九卿联名上奏，弹劾刘瑾。当皇帝询问重臣们的意见和建议的时候，刘建和谢迁都要求杀掉刘瑾，李东阳却保持了沉默。刘瑾等人连夜进宫，抱着皇帝的大腿哭诉，大表忠心，朱厚照被哭得心软，放弃了要惩治他们的想法。于是刘健和谢迁辞官，李东阳仍旧留在朝中。

所以，连他的门生都耻于与他同殿为官，给他写了一封绝交信。

在这种情况下，当刘瑾打算整死刘健和谢迁的时候，是李东阳出面营救的。

当御史姚祥和主事张伟被诬陷的时候，也是李东阳出面营救的。

当御史方奎骂了刘瑾的时候，也是李东阳出面保下的。

科道有匿名信攻击刘瑾，被刘瑾假传圣旨，五品以下官员全部收监，也是李东阳出面相救。

……

刘瑾倒行逆施，把国家搅得乌烟瘴气，多少人死于非命，多少人家破人亡。李东阳于这种糟糕局面中，一直忍辱负重，尽己所能，默默前行，救该救和能救之人。

前前后后，李东阳保住了大理寺评事罗侨，御史赵时中，给事中安奎、潘希曾，御史张彧、刘子励等人，甚至还保释了很多反对自己的官员，包括上书弹劾过自己的国子生江熔。

正德五年（公元1510年）四月，都御史杨一清和"八虎"之一的太监张永受命去平定安化王叛乱。平叛之后，杨一清与监军张永共商除刘大计，张永趁献俘之机，向明武宗揭露刘瑾17条大罪。

朱厚照下令抓捕刘瑾——刘瑾和朱厚照这么多年的情分在，难免会再次出现刘瑾哭得朱厚照心软，乃至于脱罪的情况，怎么办？此时，李东阳站了出来，坚决劝杀刘瑾。他一反往常温和到甚至有点老糊涂的政治作风，态度非常强硬，甚至使朱厚照都心生畏惧。

而且李东阳协助皇帝亲自查抄刘瑾府邸，当皇帝看到从刘瑾家中抄出来的金银财宝堆积如山，甚至还有伪造的玉玺、兵甲，以及内藏匕首、时常携带的两把扇子，皇帝不信也得信，他这么多年宠信无度的"伙伴"，人面兽心。于是失望之余，终于下定决心，将刘瑾凌迟处死。

智慧精要：

李东阳在未露峥嵘之时，被很多人误会、讥嘲，甚至被世人讥为"伴食宰相"。事实上，就如当代学者章培恒先生评价他的话"……面对刘瑾等熏天的气焰，李东阳不免因循隐忍，委曲求全，但是也多亏了他调停于其间，多所救正，使得能够于四年后清除刘瑾，挽回朝政"。正所谓，"大风吹倒梧桐树，任凭他人论短长"。梧桐树未倒之时，且慢慢等，会有机会的。

第五章 不要愚，打开思路以变应变

——变局中解决难题要善用谋略

历史告诉我们，面对变局不能愚昧守旧，需打开思路，灵活应变。善用谋略，方能解决难题，转危为机。

鄢陵之战，晋国骑兵营内列阵

春秋时期，晋国和楚国为了争夺中原霸权，在鄢陵地区发生大战。

公元前575年，晋国军队和楚国军队在鄢陵相遇。当时是农历六月，正值夏季，楚军于早晨浓雾掩盖之下，趁晋军不备，突然迫近晋军营垒以布阵。

晋军的回旋余地本来就小，而且晋军营地前又有泥沼，兵车根本无法出营列阵迎敌。

晋军中有的将领认为应该避楚锋芒，固营坚守，等待诸侯援军，然后再迫退楚军，趁楚军撤退时一鼓破之。有的将领却力主作战，因为楚军内部将领不和，兵士战斗力不高，而且随楚出征的蛮军不懂阵法，所以破敌没有想象中那么难。

晋厉公最终决定统军迎战。

但是，被楚军近逼过甚，自己的军队连营门都出不去，怎么能够列阵作战呢？于是，他采纳了士匄的计谋，在自己的军营内一通忙活，把灶铲平，把井填平，最大限度地腾出空间。

对面的楚共王登上楼车观察晋军，看得一头雾水，不知道这些晋军驾着兵车在自己的营地里跑来跑去是在做什么。旁边有晋国叛臣伯州犁陪同，他就不停发问："晋军驾车跑来跑去是在做什么？"

伯州犁答："他们在召集军官。"

"那些人都在中军集合，是要做什么？"

伯州犁答："他们在开会议事。"

"他们搭起帐幕做什么？"

"这是晋军在卜吉凶。"

"他们为什么又撤去帐幕了？"

"这说明他们有命令要发布。"

"他们那边喧闹震天，尘土飞扬，是怎么回事？"

伯州犁答："他们这是准备填平水井，铲平灶台，摆开阵势了。"

楚王紧张地说："有人登上战车了，但他左右的人却拿着武器下了战车，怎么回事？"

伯州犁说："这是将士在听主帅发布誓师令呢。"

"那，"楚王问，"他们这是要开战了吗？"

伯州犁说："还搞不清楚。"

楚王又接着说："他又上了战车，左右两边的人又都下来了。"

伯州犁说："这是战前向神祈祷呢。"

晋军果然在自己的营地里开辟通道，迅速列阵出营，绕过营前的泥沼，首先从两侧向楚军发起进攻。

楚军薄弱的左右军被击溃后，战斗的空间大增。一番大战后，楚军败退，晋军胜利，楚共王被射瞎了一只眼睛。

智慧精要：

在楚军凭借天时地利，逼至晋军的大营门口，看似晋军已陷入被动，只能固守待援时，晋国阵营内部确实经历了人心浮动、意见纷纭的艰难时刻。然而，晋国将士没有被眼前的困境所束缚，而是勇于打开思路，寻求突破，最终制定出了一套看似寻常、实则精妙绝伦的应对策略。

正是这一看似不是办法的办法，让晋军在短时间内扭转了战局，从被动防守转为主动出击，最终取得了战争的胜利。这一胜利不仅是对晋国将士智慧与勇气的肯定，更是对"遇到难题时必须要打开思路"这一真理的生动诠释。

于败局中看出胜招，管仲劝齐王"吃亏是福"

春秋时期，齐国攻打鲁国，鲁国不敢直撄其锋，请求做齐国的附属国。齐桓公答应鲁国请求，约定会盟。

会盟的前一天，鲁国军师曹刿和鲁庄公有过一场对话。

曹刿问鲁庄公："您是愿意死而又死，还是愿意生而又生？"

鲁庄公不明其意。

曹刿说："如果您能够听我的安排，那鲁国国土必定广大，您也能安乐地当您的君主，这就是生而又生；如果您不听我的安排，那鲁国就必定会灭亡，您也会遭受亡国之君的待遇，这就是死而又死。"

庄公当然答应听从曹刿的安排了。于是第二天会盟的时候，庄公就在曹刿的安排下，做出很惊人的举动：他跟曹刿一人一把剑，悄悄带进会场。随后，鲁庄公一手牢牢抓住齐桓公，一手抽出剑来，横剑于颈："我鲁国原本国土广大，都城离边境几百里之遥。如今却缩减到了国土距离边境只有五十里。这是让我们鲁国不能生存，也让我活不下去啊。既然削减我的领土我也是个死，跟你拼命我也是个死，那我还是干脆死在你的面前，我们同归于尽吧。"

齐桓公的臣子管仲和鲍叔牙要上前解救，又被手执利剑的曹刿挡在面前："两国君主正在商议要事，谁都不许上去。"

鲁庄公又逼迫齐桓公："我们两国之间，请以汶水封土为界，否则我还是死了算了（言下之意，就是两个人一起死）。"齐桓公舍不得让出大块土地，管仲急得劝齐桓公："领土是用来保卫君主的，不是让君主保卫的，请您赶快答应。"于是两国就以汶水之南封土为界，订立盟约，齐桓公才得以脱身。

齐桓公回国之后，越想越气，便想毁约，管仲劝住了他："人家不是真想跟您订立盟约，而是想要劫持您，但是您却没想到这一点，这不能算是聪明；您面对胁迫不得不屈服，答应对方的条件，这又不能说是勇敢；现在我们答应了人家却又食言，又算不上诚信。

"我们既不聪明，又不勇敢，又不诚信，怎么还能指望着建立更大的功业呢？与其这样，还不如把土地还给鲁国，我们虽然失去了土地，起码守住了诚信的名声。在全天下人的面前，用几百里土地换来一个诚信的名声，这个买卖还是很划算的啊。"

于是齐桓公就遵守了约定，无形中又把坏事又变成了好事。天下人都知道齐桓公遵诺守信，所以他多次会盟诸侯都能够成功，就是因为有品格魅力的加成。这些都是管仲因势利导，有力促成的。

智慧精要：

齐桓公开开心心要接受敌国的屈服和妥协，以及大片的土地，结果却被人设计陷害，心中自然愤愤不平。这种利剑加身才达成的不平等条约，正常情况下，一旦脱身，反悔也是人之常情。但是管仲却通晓世情和人性，所以宁可使齐桓公暂时吃了这个闷亏，也要让他遵诺守信，因为这才是人的立身之本和国家的立国之本。同样一件事，转换一下思路，就从坏事变成了好事，这就是思维的力量。

封俫誉清：大政策下小灵活，因地制宜搞机动

秦一直都有着"重农抑商"的传统，例如秦始皇二十八年（公元前219年）的《琅琊刻石》上有"上农除末，黔首是富"的词句，即以农为本，以农为上。

秦始皇三十年曾"发诸尝逋亡人、赘婿、贾人为兵，略取南越陆梁

地，置桂林、南海、象郡"（《史记·秦始皇本纪》），意即在攻取陆梁地时，征发逃亡者、赘婿和商贾，说明这三者地位都极为低下。

《史记·货殖列传》则列举了蜀滇首富卓氏先祖被迫远迁，和钢铁大王宛孔氏之先祖被迫远迁等事。

但是，在全国重农抑商的大环境下，秦朝却仍旧给予了两个大商人厚重的封赏和荣耀。

其一是大商人乌氏倮。

乌氏倮依靠世代畜养骡马，驮运货物，做转手贸易，获利其丰。比如他先走咸阳，购买丝绸，再至诸羌，用丝绸换取羌人戎王的牛马，然后再带回关中，卖给秦国官府。

秦王嬴政一统天下的过程中，无论是战争还是耕种，都需要大量牛马牲畜，于是乌氏倮就成为秦国官商，专门负责对外贸易，10年间为秦国换来大量牲畜。秦始皇便给予他封君的待遇，每年四时都可和群臣一起上朝觐见天颜。

其二是巴寡妇清。

所谓的巴寡妇清，意即巴蜀之地有一个名字叫作清的寡妇。她靠夫家世代相传的丹砂之穴发家，此外，还杂采巴蜀金银铜铁，以及井盐，家财万贯。当时世人把乌氏倮和巴寡妇清与春秋战国以来的范蠡、子贡、白圭、猗顿、郭纵一起列为"七大巨贾"。

秦始皇特地为巴寡妇清修筑"女怀清台"以彰其德，巴寡妇清见到巴郡地方官吏，都可以免于行礼。这一方面是表彰她的品德，另一方面则是因为她屡次献钱粮助秦灭六国。

而之所以有强迁各地富豪到咸阳加以严管的政策，是因为秦刚统一全国，那些原来六国之地的富豪，不可任其发展，否则定会生乱。而乌氏倮和巴寡妇清则没有此忧，并且对于秦国有过大功劳，所以要抓大放小，秦始皇还要靠他们来促进流通，发展商业。

所以，大政策下也要有小灵活，做事需要因地制宜。

> **智慧精要：**
>
> 秦朝法律严苛，重农抑商的氛围也很浓重。但是即便如此，秦朝也出现了两个被政府认可并且表彰的大商贾。这说明在复杂的情况下，具体问题需要具体分析，政策也需要灵活执行，而不是生搬硬套。

迷局中看清前路，陈胜、吴广鱼腹藏书，狐狸夜鸣

公元前209年7月的一天，大泽乡大雨滂沱，泥泞的道路上，走着一队衣衫褴褛的人。他们是被秦王朝强征去守渔阳的戍卒，从阳城出发，被两个将尉押解而行。

天气恶劣，已经误了抵达的期限，去了也是死；逃跑又很容易被抓回来，抓回来还是死。怎么办？于是，有两个人就出现了——陈胜和吴广。

陈胜，字涉，阳城人，被军官封成屯长。另一个是吴广，阳夏人，两人都是贫苦农民。

陈胜年轻时就心怀壮志，只不过没有上升的通路，因为他只是一个雇工，受雇替别人耕田。一次在田埂休息时，他发起感慨："苟富贵，毋相忘。"结果此话一出，所有人都笑话他，觉得他是白日做梦。陈胜于是仰天长叹："嗟乎，燕雀安知鸿鹄之志哉！"

这次，陈胜和吴广二人秘密计议，想出一条出路来。

他们的设想是这样的：如今的皇帝是秦二世胡亥，他谋夺了兄长扶苏的皇位，天下人都同情扶苏，只是不知道扶苏死活；另外，秦楚交战，楚国大将项燕兵败失踪，也不知死活。所以，干脆就借扶苏和项燕的名义起兵，这两个人都非常得民心，一定会有很多人跟随。

目前的难点是怎样打开局面，让大家统一思想，一起行动。于是，

两个人就想了这样一个办法：

找来一块白布，用朱砂写上"陈胜王"三个大字，偷偷塞进鱼市上的鱼腹里，然后兵士们买回去一剖开，发现鱼腹藏书，这难道不是上天安排陈胜来当我们的王吗？

半夜三更，吴广跑到营房附近的破庙里，用狐狸那种吱吱的怪叫发出人声："大楚兴，陈胜王。"于是人人惊诧，个个惧怕，再见陈胜如见天神。

造势造得差不多了，陈胜、吴广就决定动手了。

吴广趁两个军官喝醉了酒，故意说要大家都散伙，军官被激，大怒，拔剑要砍人，吴广趁机夺剑砍翻一个，陈胜扑进来杀掉另一个。把两个长官都给杀死后，这批戍卒就没有退路了。

陈胜就召集大家，慷慨激昂地说道："弟兄们，男子汉大丈夫，不能白白去送死！死也要死得有个名堂。王侯将相，宁有种乎（王侯将相，难道是命里注定的吗）！"

大伙儿长久以来被压迫、被剥削，都觉得人上人就是天生的人上人，没想到原来自己也可以当王侯将相、人上人，于是非常激动，热血沸腾，纷纷高喊："我们愿听陈大哥的！"

于是，陈胜为将军，吴广为都尉，打起"楚"字大旗，率领这支900人的军队先占领了大泽乡。老百姓早就受苛秦暴政之苦忍无可忍，纷纷送来面菜。年轻人扛着锄头来参军，没有武器，他们砍了木棒做武器；没有旗竿，他们就削了竹子做旗竿。这就是揭竿而起的来历。

智慧精要：

在危机四伏、迷局重重的境遇中，如何应对，无疑是对个人勇气与智慧的极大考验。唯有足够的勇气，方能破局而出；而智慧的火花，则能化作无数奇策，成为破局的有力工具。反之，若缺乏此二者，恐怕只能坐以待毙，最终消逝于无声，生命亦将失去其应有的光彩与价值。

一出离间计，陈平除范增

楚汉战争中，西楚阵营里有一个对于项羽来说最为重要的人物，就是谋士范增。他被项羽尊为"亚父"，既有远见，又足智多谋。

对于这个人，刘邦阵营亟须除之而后快，可是怎么做呢？

陈平就跟刘邦要了一大笔金钱，开始实行计划。

他派使者入楚，明面上是向项羽求和，实际上却以重金贿赂楚军将士，让他们四处放话，就说项羽手下的谋臣大将们比如范增、钟离昧等，都立下了大功，却没有得到应有的封赏，所以想要联合汉王刘邦，灭掉项羽。

项羽对于这些流言疑窦丛生，就也派了使者去见刘邦，真实目的则是探听刘邦阵营中有无范增等人通敌反叛的蛛丝马迹。

项羽派的使者受到陈平的热烈欢迎，他摆上珍馐美味，亲自作陪，席间热切询问："亚父可好？亚父无恙？钟离将军可好？钟离将军无恙？他们可有什么信捎过来吗？"

楚王使者答："亚父很好，钟离将军无恙，但是我王差遣我过来，并没有带来亚父和钟离将军的信。"

陈平一听，脸色一沉："我还以为你是亚父和钟离将军派来的使者呢，原来不是，把饭菜给我撤下去！"于是楚使就被莫名其妙地撤了席上的饭菜，然后端上来粗茶淡饭打发他随便吃了两口。

楚使回去就把这一情形详细汇报给了项羽，项羽一听，心头就升起疑云："不怕一万，就怕万一，难道真是亚父和钟离私通汉王吗？"

于是后面就出现了十分尴尬的局面，范增越是劝项羽进攻，杀刘邦，绝后患，项羽就越不听，而且还口不择言："亚父老是劝我进攻，我进攻的时候,说不定我的命都会被你们拿去啊!"

范增一听,心凉如死,干脆乞求解甲归田。不料走到半路就背生痈疽,一病而亡。

智慧精要:

项羽与范增,这一对君王与谋士的组合,本应是天作之合,项羽在战场上英勇善战,智勇双全;而范增则对天下大势洞若观火,分析入木三分。然而,令人惋惜的是,这位深谋远虑的智囊,最终却遭到了陈平的离间计,间接导致了他的离世。这一离间计的实施,堪称一绝,它巧妙地利用了人性的弱点,使得项羽与范增之间产生了难以弥补的裂痕。随着范增的离开,项羽的强大楚军逐渐陷入了四面楚歌的困境之中。

要想铲除劲敌,光明正大、两军对垒固然无错,但是巧用计谋更能出奇制胜。

汉代推恩令:与其削藩成仇,不如分封结恩

汉朝刚刚建立之初,除了朝廷直接统治的十几个郡之外,其余的地区全都分封给了有功于刘邦的异姓王,简直就是战国时期群雄割据的翻版。

手握重兵,据土以守,异姓王的存在让刘邦感到了极大的威胁。于是,他先后除掉了楚王韩信、梁王彭越、淮南王英布。其余的异姓王或逃或贬,只剩一个弱小的长沙王得以保存。

但是,这偌大的国土需要有人帮着守卫,刘邦就很"聪明"地分封了几个同姓王,都是他的子侄兄弟。他想,一家人亲亲热热,藩王拱卫皇帝,就不会有后患了。他还很郑重地杀白马盟誓:"非刘氏而王者,天下共击之。"

但是，他想得太简单了。

"明明大家都姓刘，凭什么别人能当皇帝，我却不能当皇帝呢？"

"就算我当不成皇帝，那么，让我占有更多的土地，拥有更多的武装用以保护自己，这没错吧？"

"再者说了，我姓刘啊，我是尊贵的皇族血脉，我享受点特权怎么了？我强买强卖怎么了，我欺男霸女怎么了？只要我的地盘够大，武装够硬，就连皇帝也不敢把我怎么样。"

如此种种，就造成了汉武帝初年时的情况："诸侯或连城数十，地方千里，缓则骄奢，易为淫乱；急则阻其强而合从以逆京师。"（《汉书》）

在这种情况下，汉武帝推行了大臣主父偃提出的推恩令，即诸侯王死后，除嫡长子继承王位外，其他子弟也可分割王国的一部分土地成为列侯，由郡守统辖。

——以前，各诸侯所辖领地只能由长子继承，如今则长子、次子、三子可共同继承。而且推恩令下形成的侯国隶属于郡，地位相当于县，再也无法自成一国。

表面上看来，这样的规定对于刘氏诸多同姓王并无坏处，但是，却在内部像分蛋糕一样做了切割，使得各个同姓王的内部力量分崩离析，争斗不止，越内耗，越虚弱，越好控制。

就这样，诸侯国被一纸政令搞得内部动荡不安，蛋糕越分越小，小到"大国不过十余城，小国不过数十里"，如此一来，诸多藩王对于中央集权的威胁，就完全不值一提了。

智慧精要：

汉朝初期，诸侯王势力日益膨胀，难以驾驭，汉景帝时期更因强行削藩而触发了"七国之乱"。为了从根本上消除这一隐患，加强中央集权，汉武帝刘彻巧妙地推行了"推恩令"。此令之精妙，在于它是一招光明正大、无可辩驳的阳谋，让各地诸侯王在面对时，几乎无法找到有效的应对策略，只能被动接受其带来的结果，从而有效地削弱了诸侯王的实力，加强了中央对地方的控制。面对难题，打开思路，以变应变，方为弈棋高手。

面对人情汹汹，司马懿与魏明帝隔空合谋"拖"字诀

诸葛亮领军北伐，六出祁山，和司马懿两军对垒。

诸葛亮异地作战，粮草就是大问题，所以想速战速决，但是司马懿就是坚守不出。哪怕蜀军百般挑战骂阵，曹魏军队都被司马懿强硬的军令摁住，不许出战。

司马懿越是不允许出战，他麾下将士们越是情绪高昂，想着一战告捷，好得胜回家。几万人的呼声所形成的压力让司马懿都觉得呼吸困难了。

而且，蜀汉军队见曹魏的军队不迎战，本着打持久战的心态，开始种地。曹魏将士更是觉得憋闷，他们不光是要承受蜀军花样百出的叫骂，还得要随着蜀军的节奏一起打持久战，这谁受得了？于是请战呼声越发高涨。

但是，司马懿仍旧置若罔闻。

有一天，诸葛亮就送了一盒女人衣裳给司马懿，讽刺司马懿畏阵怯战，还不如当个女人。但是司马懿仍旧不肯出战。

曹魏军队上上下下快要气死了，主帅受辱，实在不能忍。眼看群情激愤得就要控制不住了，司马懿想了一个办法。他给远在合淝督战的皇帝曹叡写了一个奏表，奏表中言辞恳切，慷慨激昂：

"臣虽然能力微薄，却承担着重大的责任。圣上明令，让臣坚守不

出,等着蜀军自己泄气罢兵;可是如今诸葛亮欺我太甚,送我女人衣裳,把我当女人看待,臣实在是忍无可忍!所以,臣向皇上请示:我要和蜀军决一死战,以报朝廷之恩,以雪三军之耻。请圣上答应,臣不胜感激!"

曹叡一开始有点反应不过来:自己好像没有说过让司马懿坚守不出啊?但是他也是个聪明人,转念一想就回过味来。于是司马懿的大营就迎来了皇帝特使,手持旌节,昂然下诏:"谁再敢说要出战,就是抗旨不遵。"

这下谁也不敢说话了。司马懿就派士兵敲着锣,绕着魏营大喊:

"圣上有令,不许出战!"

"圣上有令,不许出战!"

孔明听到曹营这番动静,心里也很无奈:司马懿要是真想出战,只要一句话就能解禁："将在外，君命有所不受。"哪里是曹家帝王不让他出战，是他自己不想出战啊。

> **智慧精要：**
>
> 诸葛亮劳师远征，当然想要速战速决，最怕打消耗战。但是司马懿偏偏就要实行"拖"字诀。面对着人情汹汹的局面，司马懿能够打开思路，想出法子，请来皇帝和自己打配合，硬生生把蜀军拖进自己的节奏里面，这就是他的本事和智慧。
>
> 司马懿不仅具备深厚的兵法造诣和敏锐的战场洞察力，更能够打开思路，以变应变。

面对突厥铁骑，李渊巧用空城计和疑兵计

隋末群雄并起，就连突厥人也对隋朝发动攻击。

李渊为隋朝旧将，也准备起事。他以太原留守的职位把守晋阳的时候，数万突厥铁骑对晋阳城发动奇袭。

李渊手中兵马不多，他就想了一个办法：一方面命人暗中布防，一方面打开所有的城门，撤下城头旗帜，严令士兵隐藏起来。

一时间，整个晋阳城四处大门洞开，内里什么动静都没有，整座城池好像一座空城。

突厥骑兵懵了，不知道该进还是不该进。他们想来想去，还是觉得不进为上，于是就在城外烧杀抢掠一番。李渊派去的一千多伏兵也被杀了。

但是，夜色退去的凌晨时分，有一支队伍旗号打起，金鼓齐鸣，蜿蜒而来，直奔晋阳城而去，分明就是晋阳的援军。

这下子突厥兵怕了，犹豫再三，赶紧载着抢掠的财货离去。

但是，这支援兵根本不是所谓的援兵，它就是李渊自己趁着夜色悄悄派出去冒充的。可见身处困局，脑筋转起来，就有脱困的可能。

智慧精要：

无论是空城计还是疑兵计，其核心策略均在于巧妙利用心理战术，给敌方制造出不确定性，从而起疑，达到牵制或迷惑对手的目的。空城计，以虚示人，将空城坦然暴露于敌前，利用敌方对未知的恐惧与谨慎，迫使其不敢轻易进攻；而疑兵计，则是以实掩虚，故意显露兵力，营造出强大的假象，使敌人望而生畏，心生退意。李渊在应对突厥骑兵的威胁时，先以空城计初试锋芒，转而采用疑兵计，进一步迷惑对手。

无论是带兵打仗还是经营事业，都难免会遇到困局与挑战。我们应勇于打开思路，以变应变，积极寻找破解之道。古人云："穷则变，变则通，通则久。"只有不断适应变化，勇于创新，才能在复杂多变的环境中立于不败之地。

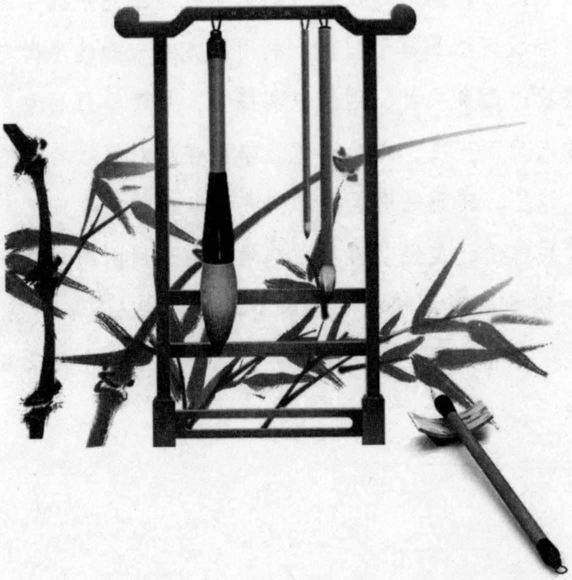

第六章 不要退,狭路相逢勇者胜

——变局中要有顶着压力勇往直前的胆略

历史长河中,变局往往伴随着压力与挑战。狭路相逢,勇者方能胜出。在变局中,我们要顶着压力勇往直前,以无畏的精神开创未来。

变局九略

面对强敌不退缩，武王伐纣灭商

商朝国祚延续五百余年，到商纣王在位时，宠幸妲己，酒池肉林，亲小人，远贤臣，种种倒行逆施，不一而足。

周武王姬发统率大军，向商都朝歌前进，抵达黄河南岸的孟津。八百诸侯闻讯而至，共同陈兵孟津。

各路诸侯力劝武王进军朝歌，兵锋直指纣王，但是武王和姜尚觉得时机尚未成熟，仍旧劝各路诸侯班师。这次算是一次灭商的预演，给天下所有仇商的诸侯一个直观的感受，让他们吃一颗定心丸。这件事在历史上称为"孟津观兵"。

商纣王却在作死的道路上越走越远，奢侈腐化更甚，且实行高压统治，使得民众逃亡，民怨沸腾。忠臣比干劝谏不成，反被剖心而死，其他的忠臣也都或者被逼装疯，或者出逃避祸。大批的贵族纷纷叛离商朝，投奔周武王。

在商纣王"孜孜不倦"的折腾之下，整个商朝的统治集团分崩离析，商纣王成了孤家寡人。周武王于是大会诸侯，集合兵力，计有戎车三百乘，虎贲三千，甲士数万人，共同兴兵讨伐商纣王。

双方于商都郊外的牧野展开决战，商朝军队士气低落，兵无战心，甚至阵前倒戈，周联军很快大获全胜。纣王登鹿台自焚，商朝灭，周朝兴。

智慧精要：

面对残暴的商纣王，周武王仅是一个占据一方的小小诸侯国，却选择以坚韧不拔之志，一点一滴地积聚力量，矢志不渝地执行着心中的宏图霸业,最终成功推翻旧王朝、建立新秩序。

在遭遇人生困境时,正如两军对垒的战场,那些过分畏惧死亡者,反而更容易在恐惧中走向灭亡;而那些敢于直面生死,无所畏惧者,却往往能在绝境中激发出超乎寻常的勇气与智慧,从而化险为夷,甚至创造出不可思议的奇迹。这便是勇气所赋予人类的独特回报,它让人们在逆境中绽放出最耀眼的光芒。

为实现政治理想,商鞅"死战不退"

秦国生于春秋狼群之中,长于战国丛林之下。从秦国作为一个不起眼的诸侯国存在,一直到秦一统天下,历经数百年之久。它也弱过,也强过,有时候弱而变强,有时候强而复弱,但是一脉相承的,是秦国君主对于人才的重视和重用。

公元前361年,秦孝公下求贤令:"宾客群臣有能出奇计强秦者,吾且尊官,与之分地。"

秦孝公的求贤令吸引了一个人,他就是卫鞅。后来人们把他叫作商鞅,是因为他帮助秦国彻底打败魏国,"秦封之於、商十五邑,号为商君"(《史记·商君列传》)。因为这个封邑,人们大多称他为商鞅。

商鞅原本是给魏国的相国公叔痤担任中庶子,公叔痤很了解商鞅的才干,但因为他有私心,担心商鞅会后来者居上,所以直到他快要死时,魏惠王前来探病,他才向魏惠王提起可以由商鞅来接替他的位置。

不过,魏惠王觉得区区一个家臣,能有什么本事,所以并不以为然。公叔痤见到魏惠王的神色,转而又请求魏惠王杀掉商鞅,免得他的才能被别的国家所用。好在魏惠王也没有放在心上。

公叔痤死后,商鞅看到了秦孝公的求贤令,于是他就来到秦国,想要面见国君,施展胸中抱负。

但是一国之君，哪就那么容易见到了？于是商鞅就花了大笔钱财，献给秦孝公身边的太监景监，以求见王上一面。

在景监的操作下，商鞅第一次见到了秦孝公。他的腹稿早就打得滚瓜烂熟，一出口滔滔不绝，给秦孝公讲应当像远古的三皇五帝那样施行仁政。

可是秦孝公对这样的"帝道"根本不感兴趣。

商鞅一看这样不行，就想再次面见秦孝公。因为秦孝公对于商鞅的第一印象不佳，觉得他只会说空话和大话，所以景监不敢再给他引荐。于是商鞅就奉上更多的钱，景监就再次帮助他得到面见秦孝公的机会。

这次，商鞅不敢再提三皇五帝这些远古的事了，那就讲夏禹、商汤、周文王和周武王吧，看他们是怎么治国的。

但是，秦孝公对这样的"王道"仍旧不感兴趣，又让人把他送了出去。

商鞅仍旧不死心，这次，他把自己的全部身家都送给了景监，终于第三次被送到秦孝公面前。

这一次，商鞅不再讲什么帝道王道，他开始讲霸道，就是称霸之道！

秦孝公一听就坐直了身子。于是商鞅把他的施政治国之策，一路讲来，只讲得秦孝公身板越坐越直，眼睛越来越亮，坐垫都要移到商鞅的鼻子跟前了，犹嫌不足，觉得听不清，还要近些，再近些……

周显王十三年（公元前356年），秦孝公任命商鞅为左庶长，正式实行变法，由此开启了强秦的大一统的辉煌登顶之路。

智慧精要：

可以说，秦能够一统天下，商鞅功莫大焉。他那种面对挫折不屈不挠、勇往直前、越挫越勇的心性，正是他能够取得成功的关键所在。

面对人生的种种挫折与挑战，我们又何尝不需要这样的一种心性来支撑自己呢？只有具备了百折不挠、越挫越勇的精神，我们才能在困境中保持冷静与坚定，不断寻找突破与超越的机会，最终实现自己的价值与梦想。

不惜捐身救国难，唐雎不辱使命

公元前224年，秦国大将王贲率军北上，征伐魏国。王贲水淹魏都，魏王假开城投降。魏国至此灭亡。

魏国有一个附属国，叫安陵国，是方圆几十里的弹丸之地。国君安陵君原是魏襄王的弟弟。嬴政派使者去跟安陵君说："我给你500里土地，换你的安陵国，怎么样？"

安陵君说："大王用500里换我的封地，以大换小，那敢情好，我沾光了。不过，这块封地是我从先王那里接受的，我怎么敢换呢？"

嬴政的特使一听就恼了，安陵君惹不起秦国，只好派一个使者出使秦国，当面向秦王致歉，这个人就是唐雎。

嬴政一见唐雎就说："我用500里的土地交换安陵这么一个小国，安陵君竟然不换，他非要逼着我动手吗？我为什么不动手？还不是敬重安陵君是一个忠厚长者？结果安陵君就这么不识好歹，是不是瞧不起我？"

唐雎赶紧说："不不，不是您说的那样，安陵君怎么能瞧不起您呢？只不过安陵君从先祖手里继承封地，发誓要保卫它，所以就算您给我们千里土地，我们也不敢交换，更不用说才500里了。"

秦王勃然大怒："你知道什么叫天子之怒吗？"

唐雎摇摇头："不知道。"

秦王阴沉着脸，眼睛里闪过冲锋厮杀、鲜血战火："天子之怒，伏尸百万，流血千里。你们可别逼我。"

唐雎笑了："那大王您听说过匹夫之怒吗？"

嬴政语气不屑："匹夫之怒，也不过是把帽子扔一边去，光着头、光着脚，砰砰地拿脑袋撞地，有什么了不起。"

唐雎坐直了身体，端正了神色："大王，您说的这种匹夫之怒，是无能之人的匹夫之怒。而有的人的匹夫之怒，不是这样的。从前专诸刺杀吴王僚，彗星的尾巴扫过月亮；聂政刺杀韩傀，一道白光直冲太阳；要离刺杀庆忌，苍鹰扑到宫殿上。他们虽然都是平民，但是因为胆识过人，上天都不会轻视他们，所以在他们做出大事之时，给他们降示了吉凶的征兆。如今，刺王杀驾的人可就要再添一个人了，那个人就是我。"

嬴政身子一僵。唐雎的声音仍旧平平稳稳的："我说的匹夫之怒，就是两具尸体，血流五步，天下百姓都要身穿孝服。"

他一边说，一边拔剑而起。

秦王嬴政肃然起敬。

接着，他肃然直身跪坐，向唐雎道歉："先生请坐！咱们到不了这个地步。我算是明白了，韩国和魏国为什么灭亡，因为他们的国家里没有你这样的人。安陵只不过是一个弹丸小国，却能够生存下来，那是因为有你啊。"

凭着唐雎的智慧和勇气，这几十里的弹丸小国在大秦征伐的铁蹄下算是暂时得以保全了。

智慧精要：

唐雎面对着骄横霸道的强国之君，能够说出这样大胆的话，是要有强大的心理素质的。他以一人之躯，展现出来了绝大的勇气。他不惧生死，使得秦王心生敬意，愿意成全他这份可嘉的忠勇。哪里有什么阴谋诡计呢？无非三个字——不怕死。

面对种种的生活困境，我们可能会有那种感觉生活不下去的时刻。但是，再转念一想：死都不怕了，还怕活着吗？于是，我们就能鼓起勇气，战胜命运的摧残，坚强地生活下去。

狭路相逢，卫青、霍去病大胜匈奴

卫青是我国西汉时期军事家。

匈奴举兵，南下入侵之时，卫青被任命为车骑将军，和公孙敖、公孙贺、李广分四路，各率骑兵一万，迎头而上。卫青深入险境，直捣龙城，虏敌数百，得胜而回。大汉立朝几十年，这是和匈奴打的第一次胜仗。

于是，他一战而封关内侯。

才过了一年，匈奴再次进犯，这次，卫青率大军进攻匈奴盘踞的河南地，一番迂回侧击，切断匈奴后援，形成包围圈，活捉敌兵数千，得了牲畜数百万。匈奴做根据地的河南地，也就是河套地区，也丢了，归了大汉。

大汉在这里修了朔方城，设了朔方郡和五原郡。

卫青又立大功，被封长平侯。

又过了三年，元朔五年（公元前124）春，车骑将军卫青率三万骑兵出击，直扑匈奴。此一战，匈奴的右贤王逃跑，却有王子、贵族、大臣等十余人被俘，另有其他俘虏一万五千多人，俘获牲畜成千上万头。

卫青直接就在军中被拜为大将军。

转过年来，元朔六年（公元前123年），大将军卫青率10万骑兵，出击匈奴。第一次出征是兵分六路，在卫青的指挥下，浩浩荡荡，从定襄北进，兵出数百里；然后回到定襄，休整一个月，再次出塞，斩获匈奴逾万。

霍去病是卫青的外甥。他从小就开始随着舅舅卫青骑马打仗。他两次击匈奴于漠南，小小年纪，勇冠全军，受封冠军侯，汉武帝特设骠骑将军官位授给他。

元狩二年（公元前121年）春，霍去病率一万骠骑，出陇西，转战河西五国，和单于之子打仗；又越过焉支山，急行军1000多里，在皋兰山下歼灭匈奴近万人，把匈奴的祭天金人也给抓了。

到了夏天，霍去病和公孙敖率骑兵数万，分路进军，结果公孙敖迷路了，没能和霍去病汇合。霍去病孤军深入，三万多匈奴人被歼灭，匈奴的五王、五王母、单于阏氏、王子等数十人，还有匈奴的相国、将军、当户、都尉等数十人，都被他抓了。

浑邪是匈奴的一支，单于觉得浑邪拒敌不利，就想杀掉浑邪王。浑邪王就和休屠王一起带着四万多人一起降汉。秋天，霍去病受降，但是浑邪王与休屠王产生了内乱，打了起来。部众人心动荡，眼看着就要鼓噪着复叛，这四万多人，万一围困住霍去病，又是一场血战。

霍去病一马当先："给我冲！"他和他的士兵跃马扬刀，驰入匈奴军中，刀光连闪，一直杀到复叛的降众跟前，把这些人立斩马下。匈奴兵士再也提不起斗志，纷纷放下武器。浑邪王这才能够遂了心愿，归降汉朝。

从此，河西地区就不再是匈奴的，是大汉王朝的了。

匈奴人无奈，赶着牛羊离开，走到更寒冷、更偏远、更荒凉的地方。他们一边走，一边在苍茫的天下唱着悲哀的歌谣："失我祁连山，使我六畜不蕃息；失我焉支山，使我妇女无颜色。"

智慧精要：

匈奴一开始视汉朝为弱小，肆意抢掠，如入无人之境。然而，在强敌压境之下，卫青、霍去病等杰出将领不信邪，不惧强敌，不仅保卫了国家的疆土，更使得匈奴闻风丧胆，再也不敢轻易南下牧马，从而一举扭转了敌强我弱的被动局面。

在人生的旅途中，我们同样会面临各种各样的压力和挑战，但与整个国家相比，个人的压力又算得了什么呢？压力是成长的催化剂，挑战是成功的垫脚石。只有不断迎接挑战，才能成就更加辉煌的人生。

面对强盗，朱晖"童子内刀"

朱晖是东汉时期的官员，一个讲信义的君子。他有一个太学里的朋友，叫张堪。张堪曾拜托朱晖说："我知道我的身体不好，如果哪一天我去世了，请你帮忙照顾我的妻儿。"

后来张堪去世，朱晖就开始资助张堪的妻子和孩子的生活。朱晖的儿子不理解他的做法，朱晖就对他儿子说："张堪生前将他的妻儿托付给我，是因为他信得过我，我当然要对得起这份信任了。"

他为了对得起这份信任，甚至于南阳太守因为仰慕他的为人而要征辟他的儿子当官的时候，他也把机会让给了张堪的儿子。张堪之子做官后廉洁奉公，勤政为民。朱晖和张堪的故事也留下一个"情同朱张"的典故。

如果说这是他成年之后的义举，朱晖幼年时也有一桩壮举，并且记载在《后汉书》里：

朱晖幼年丧父，13岁时，王莽失败，天下大乱，他跟着外祖父一家逃难，路上遇到很多盗贼。盗贼们手中拿刀，不但抢夺财物，还欺男霸女。有的男人因为反抗被杀，有的男人不敢反抗趴在地上瑟瑟发抖，朱晖却拔刀上前，说："财物你们可以都拿走，但是我家女性长辈的衣服不能拿，否则我会跟你们拼死。"

盗贼们瞧着这个小孩可乐，也赞许他的壮举，就笑着说："小孩儿，收起你的刀吧。"然后就放过他的家人离开了。

> **智慧精要：**
>
> 在纷繁复杂的现代社会中，我们不仅要珍视与朋友间的仁义之道，更要在关键时刻展现出挺身而出的非凡勇气。面对不公与危难，在许多情境下，退让并非良策。因为有些时刻，我们肩负的是责任与道义。
>
> 做人之道，既在于明辨是非，还在于内心所选，唯有勇往直前，方能无愧于心。

幼子被绑架，桥玄不妥协

东汉时期的大臣桥玄曾经做过度辽将军，很早就登上三公之位，位极人臣，朝中柱石。

光和二年（公元179年），他的幼子独自在宅前玩耍时，被三名携带武器的士卒绑着闯进桥玄家中。

桥玄的家里出了这样的大事，性质实在太恶劣了，于是从司隶校尉阳球到洛阳令下属的巡防吏员，再到河南尹所属差役，一时之间，人马挤得桥府所在地水泄不通。

但是，贼人有人质在手，大家都不敢轻举妄动，任凭他们登上了桥府最高的阁楼。此地易守难攻，最方便观察动静和谈条件了——桥玄老年得子，儿子是他的心头肉，他们一定可以拿到一大笔钱，然后安然无恙地逃离。

但是，出乎所有人意料的是，桥玄却质问在场官兵，为何连区区三个贼人都对付不了。大家都无言以对："这不是对方有人质在手，我们投鼠忌器吗？"

桥玄却说："强攻吧。"

大家都不相信自己的耳朵，就连阁楼上的绑匪都觉得自己听错了。

原来，桥玄一直就是一个性情刚直、嫉恶如仇、百折不挠的人。

有人试图劝他不妨把赎金给了绑匪，换回儿子的性命，他却大声说："青天白日，朗朗乾坤，贼匪当街绑架人质，国法何在？礼俗何在？这样的人，岂可纵容？"他一边说着一边眼圈泛红："我只有一个儿子，可是我不能容许贼匪猖獗……"

然后，他再度催促："发兵强攻吧，不要再拖延了，让这么多人为一个小儿浪费时间是何道理？"

结果他这么一说，兵士们枪刀高举，随时就要冲上去，把绑匪吓得半死，竟然不敢顽抗，打开阁楼，双腿颤颤抖抖地走了下来。桥玄的幼子也得救了。

桥玄就是这样一个性情刚强的人，从不因为自己身居高位而徇私。因为为官清廉，去世后连下葬的钱都没有。

智慧精要：

桥玄身为东汉名臣，为官清廉，性情刚直，面对绑匪，一身胆气；再加上外边官兵刀枪林立，竟然就这样救下了自己的幼子。他的这份面对变故大义凛然、绝不屈服的心性绝对是首屈一指的。

人生难免进退两难，难免投鼠忌器，难免面对困局。越是这种时刻，越要有敢于孤注一掷的果断与勇气，展现自己的气度。

有胆有识方为勇，常胜将军赵子龙

赵云，字子龙，常山真定人。身长八尺，姿颜雄伟，三国时期蜀汉名将。

建安十三年（公元208年），曹操南征荆州，刘备仓皇南逃，被曹操骑兵追上，刘备逃跑了，把老婆孩子交给了赵云。曹军把人冲散，赵云杀到天明，也没找到甘夫人、糜夫人和小主人阿斗。

他在厮杀中狂斩敌将，身边从骑折损得一兵一卒都不剩，自己却并无半点退心。等他终于寻得阿斗和糜夫人，糜夫人又为不拖累赵云带阿斗逃生，自投枯井。赵云解开勒甲绦，放下掩心镜，把刘备的独苗阿斗仔仔细细护抱在怀，绰枪上马，转身拼着命朝外厮杀。

后人有诗赞叹：
"血染征袍透甲红，当阳谁敢与争锋！古来冲阵扶危主，只有常山赵子龙。"（罗贯中《三国演义》）

这一阵，使赵子龙封元拜勋，成为牙门将军。此后一路做到翊军将军、征南将军、永昌亭侯、镇东将军。

赵云不仅有勇，更加有谋。

汉水之战中，黄忠前去夺曹操的粮草，却没有按时返回。赵云带数十骑前去查看，却和曹操的大部队遭遇。赵云没有策马飞逃，而是冲击敌军前队，造成混乱，然后再往后退。等到曹军的前队重新聚拢整队，他又再次带队冲击，然后再撤退，如是反复，且战且退，直到退回营寨。

退回营寨后，他又将营门大开，摆出请君入瓮的架势，曹军怕有埋伏，只好后退。猛然间赵云又命令响起震天战鼓，强弩也嗖嗖射过去，曹军大骇而走，自相践踏者众。

还有一回，诸葛亮命令赵云率军去攻取一座城池，同时将赵云的军队何时出发、何时吃饭、何时行军、何时攻城都排了一个计划表，赵云只需要按表行事即可。结果赵云出发了，诸葛亮才发现那条河正涨潮呢，要按原定的计划行军的话，整个军事行动就功亏一篑了。

他正急得不行，结果赵云却传来喜讯，城池已破。原来赵云事先知道河水会涨潮，还没出发就让士兵准备好舟筏。有了这种谋定后动的细心劲儿，怪不得他会成为不折不扣的常胜将军。

智慧精要：

纵观赵云辉煌的一生，其英名从未受挫，根源在于他兼具非凡的胆识与深邃的智慧。面对强敌，他从不畏缩，敢于以命相搏。赵云的胆量，可谓冠绝天下，而他带兵打仗的谋略，更是他立于不败之地的关键所在。

乱世争雄，人才辈出，唯有像赵云这样，既能勇猛果敢，又能智计百出的人才，方能行稳致远。做人之道，亦应如此，不可一味恃勇而忽略了心智的修炼。勇字当头的同时，更需胸怀宽广，谋略深远，方能在复杂多变的世界中，保持清醒的头脑，做出正确的选择，从而成就一番事业。

有谋有略方为智，诸葛妙计安天下

诸葛亮，字孔明，号卧龙，三国时期蜀汉丞相，中国古代杰出的政治家、军事家、战略家、发明家、文学家。后人说，他凭借一己之力，让"诸葛"这个姓氏笼罩上智慧的光环。

诸葛亮最大的神奇之处是他未出隆中，就先定计三分天下。

刘备三顾茅庐，终于访得隐居的诸葛亮，二人密谈，诸葛亮先替此时还弱得谁都能捏一把的刘备制订出了行动总纲，此后刘备种种动作，皆是围绕着这个纲领来施行的。

他定计的总原则如下：

第一，不跟曹操争。此人兵多将广，又"挟天子以令诸侯"，惹他好比惹皇帝。

第二，不跟孙权争。孙权的父亲孙坚和哥哥孙策已经替他把江东打理得根基稳固，他自己又能干，身边能人又多，占着天时、地利、人和，所以只适合当朋友，不适合做敌人。

第三，想办法夺荆州做根据地。因为刘表没有本事，守不住。不过，最好巧取，不要豪夺，可以耐心等待机会。除此而外，还有益州，沃野千里，物产丰富，而且刘璋势弱，也守不住。

拿下这两个地方之后，刘备就可以有一个自己的独立王国了。然后，抓紧时间充实力量，强大自己，再联合孙权，一旦天下有变，"命一上将将荆州之军以向宛、洛，将军身率益州之众出于秦川"，两路大军一路进攻洛阳，一路进攻西安，霸业可成，汉室可兴。

大纲制订出来后，刘备面前乱糟糟的局面就已经条分缕析，清晰无比了。刘备缺的就是有这份高瞻远瞩，能够把纷纭复杂的现状抽丝剥茧的能人，所以他对诸葛亮高兴地说："善！"

智慧精要：

三国时期，战火纵横，乱象纷纭，成王败寇。诸葛亮却生就了一双看透天下大势的眼睛。这就是他的智慧所在。当然了，大智慧，也是大勇气。当时刘备实力十分弱小，诸葛亮却有勇气辅佐刘备逐鹿天下，版图三分。所以说，大智慧永远有大力量。

对手越强，斗志越勇，冉闵建立冉魏政权

南北朝时期，有一个后赵政权，皇帝石虎的养孙冉闵自幼深受宠爱，他长大后，为后赵屡立军功，威名大显。

公元349年，石虎去世，太子石世即位，刘太后与丞相张豺专权。冉闵劝彭城王石遵讨伐张豺，继承帝位。石遵说："让我们一起努力。事成之后，我会封你做太子。"于是冉闵与石遵杀向京都邺城，大获全胜。

石遵即位为帝，冉闵却没有被封为太子，而是作为大臣辅佐朝政。冉闵对此感到失望的同时，他奏请皇帝封赏部下众将士，石遵也对他们加以贬抑，导致将士怨恨。

有人劝石遵剥夺冉闵军权，甚至杀死冉闵，石遵也召集大臣，和太后一起讨论杀冉闵一事。不巧有人泄密，驰告冉闵，冉闵马上做出反应，派将士拘捕并杀死石遵与太后、皇后、太子以及大臣，拥立义阳王石鉴即位，自己出任大将军，进封武德王。

当月，新任皇帝石鉴即派人深夜谋杀冉闵，未果，又掩盖刺杀行径；与此同时，新兴王石祗传檄诛讨冉闵，石鉴又派兵讨伐石祗。

又有中领军石城等人谋杀冉闵，结果秘密泄露，石诚等人被杀。

龙骧将军孙伏都、刘铢等人集结数千羯兵，暗中埋伏，想杀冉闵，且将此事告知石鉴，石鉴说："你们尽管行事，事后必有重赏。"结果未能成功。冉闵带兵入宫，石鉴迅速"甩锅"："孙伏都谋反，你们赶紧去讨伐他才是。"于是冉闵杀孙伏都等，直杀得尸横遍野，血流成河。

冉闵终于忍无可忍，派兵监视石鉴一举一动，且在明白胡人不肯帮

助自己、听从自己命令后，发起了灭胡令。

冉闵最终于公元350年杀石鉴及石氏家族，登上帝位，国号大魏，史称冉魏。

智慧精要：

冉闵的称帝之路，可谓尸山血海、阴谋诡计伴随一身。他面临着大臣的仇视、皇帝的猜忌，几乎时时刻刻处于被欺骗、被算计、被诛讨的状态之中，但是他却越挫越勇，越战越勇。

人的一生，基本上就是过关斩将的一生。与天斗，与地斗，与人斗，与己斗。面对种种强敌，秉持一个"死战不退"的信念就是了。

第七章 不要留，用霹雳手段扫除一切隐患

——变局中要有彻底解决问题的决心

在变局中，切勿留下隐患，需以霹雳手段迅速扫除。彻底解决问题，展现谋略与决断，方能确保未来之路畅通无阻。

手上不狠，后患不清，郑伯克段于鄢

郑武公的妻子武姜生下二子，长子庄公，次子共叔段。

武姜生长子时难产，遭受极大痛苦，所以武姜不喜长子而偏爱次子，甚至屡次请求郑武公立共叔段为世子，但是武公都没有答应。这下子，武姜更厌恶长子了。

庄公即位后，母亲就替共叔段请求分封到制邑，庄公拒绝了，因为此地险要。他说："除此之外，您说封到哪里就封到哪里，我都照办。"于是武姜就请求把京邑封给共叔段，庄公答应了。

但是共叔段所占有的京邑不合规制，规模太大了，城墙也太高太长了。大夫祭仲请庄公及早处置，庄公说："姜氏想要如此，我怎么能躲得开？"祭仲很愤怒，说："姜氏不会有满足的时候的，您若是纵容她的贪心，将来必祸大难制。野草蔓延尚且难以铲除干净，更何况是您那备受偏宠的弟弟呢？"庄公笑了笑，说："做的不义之事多了，自己就会垮台的，我们姑且等着瞧吧。"

于是，在母亲姜氏的真心纵容与兄长庄公的姑息养奸之下，共叔段的地盘便更加扩大了。这下子，公子吕也看不下去了："国家的土地出现两属的情况，既属于您，又属于太叔，这让我们难以抉择啊。请问您是怎么想的？如果是想把郑国交给太叔，那我现在就服侍他好了；如果不打算把郑国交给太叔，那就除掉他吧，要不然百姓都要以为太叔是郑国的主人了。"

庄公仍旧是笑笑，说了一句话："不用我去除掉他，他会自己招祸上门的。"

于是，庄公对共叔段的扩张行为就继续视而不见。在他的纵容之下，共叔段又把两属的边邑改为归自己统辖，而且把自己的辖区继续扩张。子封也开始进言了："大王，现在行动吧，不能再拖下去了。太叔的土地越发扩大，百姓会越来越拥护他的。"庄公仍然说："多行不义，无人相亲，土地再多，他也会垮台的。"

共叔段就这样一步一步地试探庄公的底线，见庄公对他无限忍耐，于是他就越发地肆意妄为起来，竟然开始准备武装袭郑，修城郭，聚百姓，整戈矛，准备兵马战车，要改换天地，把庄公拉下去，他好坐上王位了。

而他的母亲武姜从头到尾一直都知道共叔段的所作所为，并且准备届时为小儿子打开城门，以作内应。

庄公打听到共叔段要起兵的情报，终于说了一句话："现在，可以出击了！"

于是庄公派兵讨伐京邑。显然共叔段在京邑并未实行德政，所以京邑百姓纷纷背叛共叔段。共叔段众叛亲离之下，被庄公撵得到处逃跑，据说最终自刎身亡。

至于母亲武姜，先是被庄公软禁，后来在别人的劝说下母子二人才和好。

智慧精要：

《郑伯克段于鄢》是春秋时期著名史学家左丘明所著《左传》中的一篇经典散文。文中，一场本应激烈的权力斗争被巧妙地隐藏在了看似"温情脉脉"的亲情表象之下。庄公对弟弟共叔段表面上的无限纵容，实则是一种深谋远虑的策略，旨在逐步削弱并最终消除这个对王位构成严重威胁的敌人。

在王权的争夺中，庄公展现出了非凡的耐心与智谋，他既能够果断出手，又懂得运用"放长线钓大鱼"的策略，既达到了清除政敌的目的，又能在表面上维持住家族的和谐与团结，让世人难以察觉其真实意图，更无法指责其行为的合理性。这种老练深沉、欲擒故纵的手法和后患必除的作风，无疑是枭雄式政治斗争的典范。

心里不狠，地位不稳，芈月杀义渠王

《后汉书·西羌列传》所载，到了周平王统治的末期，周朝的国势逐渐衰微，西面的戎族开始逼近中原地区。从陇山以东，一直到伊水、洛水流域，处处可见戎族的踪迹。具体而言，在渭水源头附近有狄、獂、圭、冀等部落的戎人；泾水以北则是义渠戎的领地；洛水流域有大荔戎的分布；渭水以南则是骊戎的居所；而在伊水、洛水之间，还居住着杨拒、泉皋等部落的戎人。

义渠戎是诸戎中较强的一支，西周末年，义渠戎趁周室内乱，脱离周朝，正式建立方国，这就是中国历史上的义渠国。

义渠建国300多年，因为义渠人生性悍勇，和商朝、周朝打了和，和了打。即使被秦国灭了后，居然还能死灰复燃，继续和秦国打，打了和，和了再继续打。义渠国便一直是秦国东进的一大障碍。

大秦宣太后芈月当政的时候，桀骜不驯的义渠王明目张胆勾搭太后。芈月不但答应了和他暗通款曲，后来芈月经常到义渠国小住，甚至为义渠王生了两个儿子。两个人像夫妻一样过了30年。

长达30年的情感联结，使得义渠王对于大秦宣太后宠爱之余，倍加信任，所以宣太后逐渐掌握了义渠国的军事机密和内部情况。

公元前272年，义渠国遭遇百年不遇的大灾荒，导致国力大减。秦国则经过多年的东进扩张，实力大增。于是宣太后以赈灾为名，邀请义渠王前往甘泉宫。而在甘泉宫中，宣太后早已设下埋伏。义渠王毫无防备地踏入宫殿，被秦国精兵迅速生擒。

随后，义渠王被斩杀，秦国趁机发兵攻灭义渠国，在义渠的故地设立陇西、北地、上郡三郡，极大地拓展了秦国的疆域。

> **智慧精要：**
>
> 宣太后诈杀义渠王一事，充分展示了宣太后作为一位女性政治家的智慧和勇气。她在关键时刻能够果断决策，为秦国的崛起奠定了坚实基础。她通过情感渗透、情报收集、时机选择和突袭斩杀等手段成功地实现了对义渠国的致命一击。
>
> 世间事难以论短长，不过"心里不狠，地位不稳"这句话，用在此处，是适用的。

一招制敌，范雎黄金外交破合纵

战国时期，强秦当前，天下策士齐聚赵国，想要六国合纵，与强秦对抗。一旦他们组成六国联军，秦国即使有名将白起，又如何能够抵抗由赵奢、廉颇、乐毅、田单、景阳、庞公、平原君、信陵君、春申君等杰出人才组建起的反秦大军呢？

秦王十分忧虑，召来应侯范雎问计。

范雎很明白，秦国对于天下策士来说，并没有什么深仇大恨，他们聚在一起商议攻伐秦国，不过就是想要以此来博取自家的富贵，于是他对秦王举了一个看似很刻薄但是很贴切的例子：

"大王，您可曾观察过您豢养的那些狗？它们有的趴卧，有的起身，有的走动，有的停下，相互之间并没有争斗的情况，看起来很和谐。但是，如果往它们中间扔下一块骨头，就马上会打破平静的局面，呲牙露齿，互相恫吓，须臾之间就会扑上前去，撕咬不止。这是为什么呢？因为骨头是狗的心头好啊。它们为了抢到最喜欢的东西而互相撕咬争斗，又有什么可奇怪的呢？"

变局九略

当他这么打比方的时候，说明他已经把人性看透了，而且也有了应对的方略。他的方略很简单，派人驾着车子，车上满载黄金，赶赴赵地，和人畅快饮酒，大放豪言："我有一车黄金，邯郸谁人来取？"

于是他这一车五千金，被人瓜分殆尽。虽然说不上是被蜂拥而至的伐秦之士争相取之，但是，凡是拿了黄金的，命运就算是和秦国牢牢绑在一起了。

然后，范雎又让人带了一车黄金，再次到了赵国，结果这一次，这五千金连三千金都没有散发完毕，天下伐秦之士，就开始互相撕咬争斗起来了。

这合纵之谋，也就土崩瓦解了。

智慧精要：

面对六国声势浩大的合纵之势，秦国虽为强国，亦感压力重重。然而，正如范雎所洞察的，这看似坚不可摧的联盟，实则暗藏裂痕，关键在于人心与人性的微妙之处。人心之贪婪，人性之自私，乃是世间常态。当巨大的利益摆在眼前，人们往往难以抗拒诱惑，竞相争夺，从而忽略了原本共同的目标与联盟的基础。范雎正是巧妙地利用了这一点，分化瓦解了六国合纵的凝聚力。

在复杂的局势中，除了硬实力的较量外，软实力的运用同样重要，而人心的脆弱、人性的弱点，往往能成为决定胜负的关键因素。所以，面对看似强大的对手或联盟时，不应盲目畏惧或硬碰硬，而应冷静分析，寻找其内部的弱点和矛盾，从内部瓦解其力量。

白起"杀神",火烤城门

公元前295年,秦国八万大军向韩国发起攻势。向寿带兵攻打韩国的新城,白起在向寿的帐下担任左庶长。

新城城门坚固,久攻不下。白起向向寿献了一计,让秦军搬柴运木,来来往往。

天黑之后,白起一声令下,全军拔营攻城。向寿据高擂鼓,鼓声咚咚,激越人心。秦军呐喊声排山倒海,一队队的士兵顶着密密麻麻的箭雨把木柴背到被重铁包裹的城门口,层层堆叠,泼上松油,掷去火把,顿时火光熊熊,如同妖魔乱舞。

厚重的城门外层的铁皮被烧软,内层的木头烤得松脆,秦军扛着巨木呐喊向前,三撞两撞之下,城门轰隆一声被撞开,火星迸溅,飞上半天。

白起一见城门开启,大吼一声:"杀!"

众兵士见左庶长身先士卒,抄起长枪,高大的身躯一跃向前,大受鼓舞,也呐喊着如潮水般地一路席卷,一时间金铁交鸣,血雨腥风。秦军腰间悬挂敌军头颅,火光摇摆翻卷,如同鬼魅,令人望之生寒,更哪堪与之对战。

白起率一小队人马呈楔状直插敌军中军,韩军阻挡不及,中军主帅被一枪挑起。韩军一看主帅被杀,再无斗志,奔走逃命。一夜之间,新城的韩军尽数杀尽。

自此,白起得到一个绰号——杀神。他这一出"火烤城门",端的是于平常处见雄奇,大火一烤鬼神惊。

智慧精要：

白起这一"杀神"称号深刻体现了他在军事领域中的冷酷无情与卓越战绩。这一称号的由来，不仅是对他战场上所向披靡、令敌人闻风丧胆的威慑力的形象描绘，更是对他指挥作战时那种决绝、果敢且不留余地的战略眼光的认可。

他对待敌人如同秋风扫落叶般无情，这不仅体现在他对战术的精准把握和对手下将士的严格训练上，更在于他能够迅速洞察战场形势，制定出最为有效的作战方案，并在执行过程中毫不手软，确保每一场战斗都能以最小的代价换取最大的胜利。

既立信又立威，商鞅为变法手段尽出

商鞅得到秦孝公的大力支持，开始在秦国推行变法。这个时候，他最需要得到民众的信任和支持。

于是，他在秦国的国都南门立了一根大木头柱子，然后说，谁能把这根木头柱子搬到北门，赏十金。

他在南门贴了告示，又敲锣打鼓，告诉南门这边来来往往的行人，凡能搬移此木者，赏十金。但是人们只是驻足听了一下，然后摇了摇头就各自干各自的事了，没有人相信真的会有这样的好事情。

三天过去了，也没有人搬这根柱子。商鞅于是把十金提高到五十金，人们议论纷纷。这时候，有一个人自告奋勇，真的把这根木头搬到北门。然后，他就真的得到了五十金。

这下子人们就炸了："什么？他真的扛一根木头就得了五十金？"

"什么？原来官府不是骗我们的？"

人们一传十，十传百，都知道官府是讲信用的，说话算话的。

于是，商鞅变法的必要前提条件——先要取信于民就达到了。王安石还专门为他写过一首名为《商鞅》的诗："自古驱民在信诚，一言为重百金轻。今人未可非商鞅，商鞅能令政必行。"

但是，光取信于民是不行的，还需要树立威信，这就需要拿上层贵族人物开刀了。

商鞅的变法触及贵族阶级的利益，已经很招人恨了，秦孝公的太子对商鞅满怀愤恨。而且太子也不怕他，所以就犯了法。

让人出乎意料的事情来了，太子犯罪，难道不是太子身边的人失职吗？尤其是太子的老师，太子犯罪，你这个老师是怎么当的？所以，商鞅"刑其傅，黥其师"，对太子太傅公子虔处以刑罚，对太子太师公孙贾处以黥刑。

结果这个公子虔几年后，又触犯了商鞅新法。商鞅这次干脆把他的鼻子给削掉了，这就是劓刑。

公子虔受刑后，八年没出过门。

太子的两个老师，一个没了鼻子，一个脸上刻了字，这对于秦国上下，是多么严厉的震慑，别人还怎么敢对新法不当回事呢？

所以，新法就这么雷厉风行、不打折扣地施行下去了。

智慧精要：

商鞅面对重重阻力和未知挑战，始终保持着不屈不挠的决心和勇往直前的勇气。在社会发展中，需要有这样的敢于担当、勇于探索的改革者。

商鞅在推行改革时，既注重策略的灵活性，又强调执行的坚决性。他对于反对势力的打击毫不手软，确保了改革权威性和执行力的有效发挥。这启示我们，在推动公司改革发展过程中，既要善于做群众工作，用真诚和实效赢得民心；又要敢于面对和化解矛盾，用雷霆手段震慑一切阻碍改革的力量。

为防后患，刘邦打着劳军的旗号，收缴军权

项羽战死后，楚汉之争胜负已定。

韩信被刘邦封为齐王后，带兵返回自己的国土。不久之后，他准备先到齐国西南巡视一圈，再驻营于定陶。

但是韩信的军事才能让刘邦忌惮，这人实在是太危险了。他手里握着大军，刘邦既吃不下又睡不安。

于是刘邦非常干脆地做了一件事：他率禁卫军直奔定陶，打的旗号是劳军。当韩信放他们直入大本营后，刘邦就直接收缴了韩信统领大军的印信，只给他保留了直属兵力的指挥权。当然了，刘邦也怕韩信多心，又告诉他之所以这么做，是因为要封他为楚王，齐地则另有分派。

韩信一听，想着反正自己也是楚人，楚地比齐国的面积还大，这么做既合情合理，自己又不吃亏，没问题。同时他心中还自恃有大功，并没有怀疑有其他原因；倒觉得刘邦这人厚道，善待功臣。

不光是他，别的诸侯们听说此事，也并不惊慌，不觉得刘邦是夺取兵权，另有他图，还反倒觉得刘邦这人挺好，他的行为也可以理解——毕竟哪个皇帝都得握住军权不是？

就这样，刘邦打着劳军的旗号，就把韩信的兵权光明正大地收缴了。

智慧精要：

一出劳军戏，其目的其实就收缴韩信军权。但是因为刘邦行事光明正大，所以反而没有引起韩信的警惕，也没有引起其他诸侯的过激反应。主要是理由太直接了，都让人不好意思做出阴暗猜测了。但事实上，刘邦此举，称得上雷厉风行，冒起来的水花不大，内里却自有动荡激流。

明犯强汉者，虽远必诛，陈汤远征驱匈奴

陈汤是西汉名将，一生只打过一仗，换来300年无外敌侵犯。他的一生也只说过一句名言，却直到现在都如明灯天烛照耀河汉。他说："明犯强汉者，虽远必诛。"

西汉建昭三年（公元前36年），陈汤和甘延寿出使西域。陈汤对甘延寿陈说出自己的计划："夷狄的天性是恃强凌弱。西域本来属于匈奴，现在郅支单于仗着自己势力强盛，威名远播，经常欺负乌孙、大宛等国，想降服它们。如果放纵这种情势发展下去，必定会成为我朝隐患，不如除而后快。

"想要除掉他，虽然距离看起来比较远，但是匈奴所在之地没有高墙坚垒，也没有强弓劲弩，我们发动屯田官兵，带领乌孙军队，兵临城下，他们逃无可逃，又无法自保，我们岂不是可以成就千载功业？"

甘延寿深以为然，就准备上奏章，请朝廷批准。陈汤说："奏章上报朝廷，满朝公卿讨论来讨论去，什么时候才能有个结果？再说了，他们能懂什么策略，肯定也不会奏准此事。"

甘延寿不肯如陈汤所说来个先斩后奏，不过他有病在身，陈汤干脆就一个人干起来了——他假传圣旨，调发各国军队和屯田官兵，准备出征去也。

甘延寿听说后，吓得魂飞魄散，赶紧从病床上爬起来要阻止他，陈汤按剑瞋目而怒，道："大部队已经集合，你想坏了大事吗？"

箭在弦上，甘延寿是真的没办法了，那就"行吧，都听你的吧"。

于是，陈汤集合汉兵和属国军队共计四万多人，出发讨贼。

当然了，陈汤也不是真的想要找死，随后他和甘延寿就上了奏章，

自我弹劾假传圣旨一事，且把用兵情形详细报告朝廷。

在陈汤的指挥之下，此战大获全胜，北匈奴的郅支单于也丧命于乱军之中。

至此，来自北匈奴的威胁彻底解除了。

回到京城后，有大臣认为甘延寿和陈汤假传圣旨，没治罪就不错了，即便有功，也不当赏。更何况他们只不过侥幸获胜，之后还会在蛮夷中惹起事端，给国家带来灾难，所以不能开这个坏头。又有大臣上书，为他二人辩驳，支持嘉许二人功劳——岂有立大功而不赏，有小错而重罚呢？

于是汉元帝下诏，特赦二人罪过，且为他们授官封爵。

智慧精要：

陈汤的"明犯强汉者，虽远必诛"，不仅是对汉朝时期边疆安定与民族尊严的捍卫，更是跨越时空，成为激励后世中华儿女自强不息、勇于捍卫国家主权与民族尊严的精神灯塔。

陈汤的这句名言也是对中华儿女的一种鞭策和激励。它提醒我们，作为中华民族的一员，我们有责任也有义务为国家的繁荣富强贡献自己的力量。无论身处何地，无论从事何种职业，我们都应该牢记自己的根和魂，牢记"明犯强汉者，虽远必诛"的历史教诲。

赵匡胤灭南唐，卧榻之侧，岂容他人鼾睡

赵匡胤一统江山的过程中，一个个的小国都被消灭，南唐后主李煜大为恐惧。

李煜继位之初，即派官员入宋进贡。后来，他的姿态越放越低，甚至于上表宋廷，主动请求罢黜诏书的不名之礼——为表尊重，宋对南唐

的诏书是不直呼李煜名讳的，而他主动要求"您老对小子我直呼其名即可"。

虽然赵匡胤未应许此举，但是，这样的卑微低气，再加上找个理由就给宋朝上供金银宝器，真就搞得宋朝的铁拳迟迟落不下去，南唐小主一直偏安生存，10年有余。

公元971年，南汉被宋所灭，李煜惶惶不可终日，他连"唐"的国号都不敢要了，只称自己为"江南国主"；而且专门派弟弟郑王李从善赴宋都朝贡，再次上表，请求罢黜诏书不直呼自己姓名的这份礼遇。

以前赵匡胤出于礼节性地没同意，这回可同意了。

不但同意了，还把李从善给扣下了。

李煜更要吓死了。

于是第二年，李煜又自贬南唐仪制，把自己自动降为诸王待遇，而非皇家仪制。宋使来时，甚至连金陵台殿殿脊的螭吻都要撤去。

但是有一件事情，他始终没有遂了赵匡胤的心意。

赵匡胤留下了郑王李从善，并且在汴京给他封官赐宅，那意思就很明白了："我是冲着你李煜来的。李从善来我汴京，能够封官赐宅，你把南唐进献给我，我也照样能够给你在汴京封官赐宅。"

但是李煜敢吗？

他不敢。

赵匡胤先后两次派使者出使南唐，要诏李煜入京祭天。李煜仍旧坚持不去，难得的是话硬了一些："臣侍奉大朝尽心竭力，别无所求，只求能够保全宗庙。没想到事情竟然会是这个样子，既然如此，我也唯有一死了。"

赵匡胤一听汇报，二话不说，当即派兵。一时之间，大宋军队水陆并进，一路高歌猛进，南唐兵败如山倒。

李煜只好求和，派使臣拿着大批财物去觐见赵匡胤。使臣也为李煜不肯进汴京找理由："李煜是病了所以不能入京拜谒，并不是敢抗拒您

的诏命啊，还请您缓兵保全这一邦百姓的性命吧。"

反正就是无论赵匡胤怎么说，他都有话申辩，再三请求赵匡胤退兵。赵匡胤被他搞得急眼了，一个武夫皇帝干脆拔剑而起："给我闭嘴！你说江南国主有什么罪？他没罪，但是我要的就是天下是我赵姓的天下，我的卧榻之侧，岂容他人鼾睡！"

公元975年，南唐文官武将，有的力战而死，有的为国自杀，李煜不肯自杀，只好奉表投降。

南唐，灭。

赵匡胤给李煜封了一个"违命侯"，听上去就特别讽刺。

智慧精要：

赵匡胤一句"卧榻之侧，岂容他人鼾睡"之所以能够流传至今，实在是太霸气了。一个帝王能够一统天下，必定要有一颗雄心，要有唯我独尊的意识，要能下得了断绝一切后患的手。赵匡胤尚未发迹时，醉卧田间，醒来见月，脱口两句诗："未离海底千山黑，才到天中万国明。"要做成大事，就要有这种排山倒海、移星换月的气概。

第八章 不要卷，换一种思路换一片天

——变局中要有另辟蹊径的眼光

面对变局，切勿陷入内卷。换一种思路，就能换一片天地。在历史的转折点上，我们要有另辟蹊径的机略，勇于探索新路径。

管仲对内鼓励粮食生产，对外大搞"丝绸革命"

春秋时期，为了在不引发大规模军事冲突的情况下削弱及兼并相邻的鲁国与梁国，齐国的国相管仲展现了他顺应时势、深谙人心的能力。

管仲精心策划了一场"丝绸革命"。齐国的贵族们竞相穿着昂贵的丝绸衣物，以彰显身份与地位，而普通百姓也以能穿上丝绸为荣。这种风气推动了国内养蚕业和缫丝业的蓬勃发展。

然而，仅凭齐国自身的生产能力仍难以满足日益增长的市场需求。管仲就大量进口鲁国和梁国的丝织品。随着齐国贵族对鲁国和梁国丝绸的青睐，这两个国家的丝绸价格也随之水涨船高，利润丰厚得令人咋舌。

面对如此巨大的利益诱惑，鲁国和梁国的民众纷纷放弃传统的农耕生产，转而投身于种桑养蚕的行列之中。农田也被大片桑林所取代。

管仲的这一策略，看似只是简单的贸易往来，实则是在不动声色地削弱鲁国和梁国的经济基础，为齐国的进一步扩张铺平道路。

管仲继续深化他的经济战略，他不断向这两个国家的商人承诺高额利润，鼓吹齐国人对丝绸的狂热需求。在这样的刺激下，鲁国和梁国不惜一切代价扩大丝绸生产。

与此同时，齐国在齐桓公和管仲的领导下，却悄然进行着另一场变革。他们大力鼓励民众种植粮食，确保国家粮食储备充足。

经过两年的精心筹备，齐国突然转变了风尚，从原本的丝绸狂热中抽身而出，全国上下纷纷改穿棉麻衣物，连齐桓公本人也以身作则，引领了这一潮流。

随着齐国丝绸需求的骤减，丝织品的价格在鲁国和梁国迅速暴跌，而这两个国家却仍沉浸在丝绸生产的狂热之中，库存积压如山，与此同时，粮食生产却严重滞后。随后，齐国提高了粮食价格，利用粮食作为武器，将之前通过丝绸贸易流失的财富重新收回。

面对粮食短缺的严峻形势，鲁国和梁国的民众发现手中的丝绸已无法换取生活必需品了，只能眼睁睁地看着国家一步步走向衰落。最终，在生存的压力下，大量民众逃离故土，投奔齐国寻求庇护。这两个国家失去了宝贵的人力资源，国力更是大不如前，最终不得不屈服于齐国的强权之下。

智慧精要：

管仲的智慧确实令人钦佩，他的治国理念与策略展现了他非凡的智谋与远见。管仲倾向于运用智慧而非单纯的武力来解决问题。而他"智取"的办法看起来还是"九曲十八弯"的。给人感觉他好像是在国内推行"丝绸革命"，事实上，这不过是一个小小的引子、推手和障眼法罢了，他真正的意图是在鲁国和梁国推行"丝绸革命"。思谋之深远，手段之独特，非常人所能及也。

管仲以其灵活的思维、深远的谋划和高明的手段，在春秋时期留下了深刻的印记，成为后世称颂的智者典范。

萧何为免遭上位者猜忌，自污以自保

萧何因为功高，刘邦对其恩宠有加，不仅拜为相国，又加封食邑五千户，赏士卒五百拱卫萧何。萧何一高兴，便摆酒庆贺。

这时候，一个叫召平的却素衣白履，像一个吊丧者一样，昂然而进。萧何问他："你喝醉了？"召平说："我没喝醉，是主公你喝醉了。你只见着眼前富贵，却没见着日后祸患。"

萧何很纳闷："我平时兢兢业业，遇事谨慎小心，没有疏漏差迟的地方，哪来的什么祸患？"召平说："汉王出征在外，你留守朝中，明明没有刀枪之险，汉王却给你派这么多卫兵。难道他是怕小贼劫你啊？他是对你不放心呀！"

萧何一听，吓出一身冷汗，急问应当如何办。召平说："请主公辞谢封赏，我会自拿家产作军饷的。"萧何按计而行，刘邦大喜。

但是，萧何在关中十多年，深得民心，树大根深，刘邦对他生起疑忌之心。

有一次，萧何请求刘邦把上林交给百姓耕种，刘邦一下就怒了："你收了别人多少钱，居然跑来算计我的猎场！来人，戴刑具，下大牢！"

有一个叫王卫尉的人，素来敬仰萧何为人，便来劝说："陛下，您错疑了丞相。他的职务要求他调和鼎鼐，以有余补不足。以陛下您的有余补百姓的不足，为民兴利，老百姓感激的只能是陛下您，而不是丞相自己。这样的良相，贤明之君必会加以重用。再说，丞相若有野心，趁您在外数年征战之机，早可以坐据关中，自己称王，怎么会等到现在才拿一个区区的猎场讨好百姓，收买人心呢？"

刘邦一听有理，命人把丞相放了。

但是刘邦猜忌之心不死。第二年，黥布造反，刘邦再次领兵上阵，行军打仗之余，老是派人问萧何在做什么事情。萧何想："我能做嘛呢？还不是替你在关中安抚百姓？"

这时候，有聪明的手下点醒了他："丞相，您离灭族之祸不远了。您身为相国，功高盖主，又深得人心。汉王多次派人相问，根本不是关心您，而是怕您动摇关中，使他后院不稳。这样，您何不弄些民怨出来？汉王一看您的群众基础也不怎么好，他就不怕您会有野心造反了。"

不久，刘邦班师回朝，一群老百姓拦路上书，告丞相萧何强买民田。甚至有人说，丞相这么做，是想造反。其实这一切刘邦早就得到密报，只不过当作什么都不知道，只把告状信往萧丞相跟前一扔："你自己向百姓谢罪去吧。"

萧何本就为自保自污名节，干脆就承认自己是个贪官了。

其实，萧何广置田宅，自己根本就不住。他住的地方连院墙都没有。他说："子孙后代如果贤德，就学习我的俭朴，要高墙大院也没用；如果不贤无能，要高墙大院也守不住，倒是这样的宅院不值得别人霸占，能够有个容身之处啊。"

智慧精要：

张良、韩信、萧何被人称为"汉初三杰"。而在这三杰中，张良退隐山林，韩信刀兵加身，萧何是最享富贵的一个。但是，伴君如伴虎，也需要时时小心。为了免遭猜忌，必须要有自污的明智之举。朝堂也是一个大职场，如何闪转腾挪特别考验一个人的智慧和心性。

总之，"汉初三杰"的命运给我们留下了深刻的启示：在追求事业成功的同时，也要时刻保持清醒的头脑和谦逊的态度，学会在适当的时候收敛锋芒、自我保护。

要有另辟蹊径的眼光，张良献计请商山四皓

刘邦的发妻吕雉和宠姬戚姬都生了儿子。吕雉的儿子被立为太子，但是戚姬想让她的儿子成为太子，于是就给刘邦吹枕头风。

刘邦心动，就想废掉原太子，重新立戚姬的儿子为太子。

此时汉朝江山稳固，张良已经处于半隐退的状态，很少在朝中发言表明立场，更不用说给别人出谋划策了，但是架不住吕后再三地向他求助，好话说了一箩筐。

张良既不想在朝中为此事说什么，但是又需要给吕后想出一个主意，于是他就告诉吕后，想办法为太子把商山四皓请来，此险局可解。

商山四皓，其实是刘邦生平最崇敬的四位老者：东园公、绮里季、夏黄公、角里先生。他们为躲避战乱，结茅山林，刘邦想请他们出山都没有请动，如果太子能够请动他们辅佐自己，刘邦可能就不会废掉太子了。

于是吕后就派人带着太子的书信和礼物去请他们，这四位老者对于太子刘盈印象很好，因为刘盈虽性情比较软弱，但是心地却很善良，能够当一个仁君。于是他们就入府做了太子宾客。

公元前195年，刘邦有病在身，想趁着还在人世，换掉太子，结果在一次宴会上，他看到刘盈身后站着四位老人，对太子十分恭敬。他问后才知，原来这就是大名鼎鼎的商山四皓。刘邦意识到太子羽翼已丰，民心所向，废不得了。

张良自己没有出面，照样保住了太子的地位，这就是他的头脑灵活、思谋深远之处。

智慧精要：

在这件事情中，张良利用了刘邦当初对商山四皓求而不得的事实，从而对商山四皓产生了印象中光环的心理，起到了震慑刘邦另立太子的作用。他没有直接对抗刘邦的意愿或决策，而是通过一种更为间接和微妙的方式，引导刘邦自己去权衡利弊、做出选择。这种以柔克刚、以智取胜的权谋手段，不仅达到了保护太子刘盈的目的，也避免了直接冲突可能带来的风险。

因此，无论是采用什么样的权谋，都需要深入琢磨对方的心理。只有准确把握对方的想法、情感和动机，才能制定出更加精准有效的策略，从而在职场或斗争中立于不败之地。

甘当第二梯队，"萧规曹随"中曹参的智慧

萧何是刘邦身边最早的谋士，资格之老，非一般人所及。他为刘邦作出了非常突出的贡献。

刘邦大军入咸阳之时，独独萧何赶到丞相和御史府，封门，不许闲人出入，派人清查秦朝的所有有关国家户籍、地形、法令等的图书档案，分门别类，登记造册，收藏待用。

他为官多年，深知几乎一切治国之方都可以在这些书面资料中找到。比如天下之大，有多少关塞险要之处，各地户口多寡、实力强弱、风俗民情，等等。有了这些，才能制定出正确的政策方针和制度律令。

一方面，这些可供刘邦统一天下之用；另一方面，统一天下之后，这些又可以帮助刘邦把皇位坐稳。刘邦都没想到这么多，这么远，萧何却是一眼看万年。怪不得刘邦会一边惭愧，一边赞叹："萧何异才。"

就凭这一点，他给刘邦当丞相，绝对是心思缜密，目光高远，游刃有余的。事实也证明他以丞相的身份留守汉中的时候，确实身符其职，所以刘邦才会说："镇国家，抚百姓，给饷馈不绝粮道，吾不如萧何。"

更让人觉得神奇的是，在他死后，他的施政方针能够一成不变地被继任者曹参继续施行。

曹参干什么了？他什么也不干，堂堂一国相，整日饮酒。

这他就给起了一个坏头，官吏们也随即效仿，整天饮酒歌唱。官吏的房舍里传出来的动静，其实都能被曹参听见，因为他住宅的后园就挨着官吏的房舍。

有人很厌恶这种情况，就借着请曹参到后园游玩的机会，让他听到

官吏们饮酒高歌的动静，希望他能制止这种乱象。没想到曹参不但没有制止他们，而且加入了他们，也一边喝酒一边高歌呼叫起来，和官吏们互相应和。

曹参是汉惠帝当政时继任相国的，汉惠帝想做出一番事业，曹参却整天喝酒，不理政事。汉惠帝就派人去问他，等曹参面见惠帝时，便问："您觉得，您和太祖高皇帝比，谁更强？"

汉惠帝刘盈说："吾不如太祖高皇帝多矣。"

曹参又问他："您觉得我跟萧何比，谁更强？"

汉惠帝说："萧何比你强。"

曹参说："既然我们两个比不过他们两个，那么，我们就按照他们的制度，踏踏实实地执行就行了啊。"

原来这才是曹参"不理政事""恃酒放浪"的理由。当然，有另外一个理由，就是以此打消皇帝的疑心和猜忌。总之，曹参不是不理政事，只不过是不想让萧何制定的方针政策在仍旧符合当时国情的时候，人亡政息罢了。毕竟一个国家政令多变，非常有害于国家的稳定发展的。

曹参真是一个有大智慧的贤人啊。

智慧精要：

有些人在掌握权力后，往往急于展现自己的意志，不顾实际情况，一味追求"推陈出新"，结果导致前任与继任者之间产生激烈的竞争与冲突，局势因此动荡不安。而曹参则选择了截然不同的道路，他顺应时势，不轻易改变已有的良好政策。这种稳健的治国策略，非但没有让国家陷入混乱，反而使得国家政绩显著，国泰民安。

"萧规曹随"这一成语，正是对曹参这种智慧与胆识的高度概括。它告诉我们，应当尊重前人的智慧与经验，同时，也要具备敏锐的洞察力和判断力，根据时势的变化灵活调整策略。

要有不与人争的豁达，大树将军冯异不争功

冯异，字公孙，东汉开国名将、军事家，云台二十八将第七位。他原为王莽建立新朝的官员，归顺刘秀后，随着他征战四方。

刘秀刚到河北的时候，人马寡弱，身边只十几个人而已。河北本地豪强趁乱起势，悬赏十万，要他的脑袋。刘秀在王郎的追杀下，只好一路奔逃。随他一起奔逃的人中，就有冯异。

他们逃到饶阳城北，冻饿交加，冯异找到一点豆子，给光武帝做了一碗豆粥。刘秀食之，无上美味，到第二天一早还在回味那美好滋味，跟众人说："昨天吃了公孙的豆粥，也不饿了，也不冷了。"这件事还给写进《后汉书·冯异传》里："时天寒烈，众皆饥疲，异上豆粥。明旦，光武谓诸将曰：'昨得公孙豆粥，饥寒俱解。'"

苏轼还著有《豆粥》一诗："君不见滹沱流澌车折轴，公孙仓皇奉豆粥。"

随后，这十几个人跑到饶阳城找粮食，差点被人一网打尽，于是又一路奔逃，逃到了滹沱河畔的南宫地界。风大雨大，便到路边的破房子里躲避。冯异抱来柴禾，邓禹点燃土灶，趁着刘秀光着膀子烤衣服的空当，冯异又不知道从哪儿弄来一点麦子，煮了一碗麦饭给刘秀吃。

刘秀后来当了皇帝，只要一想起冯异，就会跟人讲"公孙豆粥"和"公孙麦饭"的故事。

当别人都仓皇奔逃的时候，冯异总能"变"出一点粮食，是因为他想得多，想得远，随时做出一点力所能及的准备，以备不时之需。这么一个人，却不大爱说话，更不喜欢争功。别人战后争功，他就坐在树下发呆，所以别人就给他起了一个绰号叫"大树将军"。

129

虽然他不争功,刘秀却不会忘了他,封侯拜将哪一样也没有少了他。

智慧精要:

冯异在刘秀走投无路饿着肚子的时候,给他做的一碗粗糙饭食,比刘秀富贵显荣后吃的山珍海味更令人难忘与回味。

冯异能够在大家争功的时候默默退让,这样的品格更让人钦佩与敬重。

所以做人豁达些没什么不好,起码自己少了许多的纠结、盘算和弯弯绕绕,而许多时候,不争反而比打破头的乱争,所得更多。

张堪打仗开荒两不误,既御外侮,又富民生

张堪是东汉人,很早就成了孤儿。父亲留下的数百万家产都被他让给了堂侄。他十几岁就到长安学习,因为品行超群,被诸儒称美,赞他为"圣童"。

刘秀称帝后,张堪历任郎中、蜀郡太守、渔阳太守等官职。

渔阳郡是当时的北方边陲,匈奴经常袭扰,民不聊生,张堪带兵打败入侵匈奴,安定边境,使得匈奴闻其名而不敢犯塞。

而且,他还引进水稻,改变原来的粗放耕作习惯,使此地生产水平迅速提高,狐奴山下也变成富饶的鱼米之乡。《后汉书·张堪传》记载,张堪拜渔阳太守,"乃于狐奴开稻田八千余顷。劝民耕种,以致殷实"。可以说,张堪是北方开荒种稻第一人。

当时民间传歌谣说:"桑无附枝,麦穗两歧,张君为政,乐不可支。"他任渔阳太守八年,离任时坐的是折了辕的破车,行囊是俭朴的旧棉被。

康熙《怀柔县志》有《题白云观壁》诗："狐奴城下稻云秋，灌溉频施水利收。旧日渔阳勤劝耕，今朝谁忆富民侯。"

智慧精要：

光武帝任用张堪为渔阳太守，张堪在任期间，两手抓两手硬，一边对抗匈奴一边开荒，最后不仅打得匈奴人不敢靠近，更是开荒500多平方千米，生生让渔阳多出了一个狐奴县，渔阳也一跃为著名大郡。所以为官者主政一方，真的要打开思路，方能强国富民。

司马懿顺水推舟，破孙刘联盟

关羽败走麦城，被孙权所擒。孙权想招降关羽，属臣反对，于是孙权杀了关羽。孙权联盟和刘备联盟就此结下血海深仇。

孙权派使者把关羽的人头送给曹操，好让曹操高兴。曹操果然很高兴，说："云长已死，吾夜眠贴席矣。"

结果他的一团高兴被司马懿泼了冷水："此乃东吴移祸之计也。昔刘、关、张三人桃园结义之时，誓同生死。今东吴害了关公，惧其复仇，故将首级献与大王，使刘备迁怒于大王，不攻吴而攻魏，他却于中乘便而图事耳。"说白了，就是孙权要把刘备的雷霆之怒引到曹操身上，双方争战，他好坐收渔利。

随后司马懿想出一法破解。他建议曹操将关公首级"刻一香木之躯以配之，葬以大臣之礼；刘备知之，必深恨孙权，尽力南征。我却观其胜负！蜀胜则击吴，吴胜则击蜀。二处若得一处，那一处亦不久也"。

曹操大喜，果然设牲醴祭祀，刻沉香木为躯，以王侯之礼，把关羽葬于洛阳南门外，令大小官员送殡，亲自拜祭，追谥为荆王，差官守墓。

而刘备则深恨东吴，领兵伐吴，却又大败，命丧白帝城。

智慧精要：

如果曹操按照孙权的思路走，魏蜀之间恐怕将陷入一场难以调和的生死较量，届时吴国便不会独自承受刘备的怒火，而是会巧妙地将曹操也拉入这场纷争之中，共同承担后果。然而，司马懿为曹操所献之计，则是巧妙离间蜀吴关系，从而使得曹操能够置身事外，坐享渔翁之利。

这一事例充分展示了，面对同一件事，只要转换思路，采取不同的策略，便能导向截然不同的结果。

庙小妖风大，朱元璋自招兵马

郭子兴是朱元璋的岳父，他将义女马氏嫁给朱元璋，所以朱元璋算是一直在给老丈人"打工"。但是他太能干了，所以招来了猜忌。郭子兴见他本事大，能力强，深恐他把自己取而代之，就找茬把朱元璋关了禁闭，郭的儿子更是吩咐守门的卫兵不许给朱送饭，要把他饿死在小黑屋里面。幸亏妻子贤惠聪明，把烙饼揣在怀中，混过卫兵的眼，他这才捡回一条命。

后来郭子兴虽然放了他，朱元璋也看明了形势，仰人鼻息的日子不好过，不如单干。

元将贾鲁兵围濠州，郭子兴和几位元帅共商大计，划片而守，互相救助，才保濠州七月不失。朱元璋则担任驰援的角色，哪里危急他就出现在哪里。

至正十二年(1352年)夏天，贾鲁暴疾而殁，元军退回徐州，濠州之围始解。但是，外围刚解，内患蜂起，将帅们又开始窝里斗了。

朱元璋暗打主意，向郭子兴进言："经此一役，兵员受损。再说小小的濠州城，挤了七股人马，快把这弹丸之地挤破了。不如我回乡招批人马，扩充队伍，然后咱们离开濠州，另图发展。"

郭子兴听他说得有理，给他金银，助他成行。至正十三年（公元1353年）六月，朱元璋回到故乡，竖起招兵大旗。

他总共招到700大汉，这700人是朱元璋真正的嫡系，一切唯他马首是瞻。他将这700人献给郭子兴，郭子兴又都交给朱元璋率领。他优中选优，从中遴选了24人——这24人即后来人称的"二十四将"，个个立下过汗马功劳，成为大明王朝的开国元勋。

然后，他带这24人南下定远，包括后来他的心腹大将徐达、汤和、费聚等人。郭子兴见他只带了这么少的人，也没放在心上。他没想到，朱元璋要振翅单飞了。

靠着这24人和700个子弟兵，又招纳了张家堡驴牌寨的义旅3000人，随即打败一支元军，收编了横涧山的两万人，几番辛苦，朱元璋终于有了自己的一批人马。争霸天下之路，于此展开。

智慧精要：

关系再亲近的人，共处于同一屋檐下，一个锅里搅动稠稀，勺子难免会碰到锅沿，因此，磕碰与冲突在所难免，甚至有时候还会陷入无意义的内卷之中。特别是不幸遇到一位心胸狭窄的上司，那种宏图难展、大志难施、郁气难平的感受，更是让人倍感煎熬。

在这种情况下，或许应该狠下心来，自招兵马，自立门户，开拓属于自己的天地。唯有如此，才能真正地掌握自己的命运。

强兵劲敌之下,铁铉一幅画像守城池

铁铉乃明初名臣。此人既有气节,又是能臣;既是书生,又能打仗。

朱棣起兵靖难,李景隆奉建文帝之命征讨朱棣,铁铉作为文臣监运大军粮草。结果却是李景隆大败,士兵们丢盔弃甲,被追得夺路狂奔。眼看朱棣就要占领济南了,铁铉作为一介文臣,收拢了一群散兵游勇,组织起民壮,开始守城。

朱棣的军队连战连捷,士气高涨,便开始强攻济南。可是三个月攻之不下。

朱棣阴谋决堤引水灌城,铁铉率众诈降,朱棣大喜过望,入城受降,却差点被早已等待许久的守门卫士放下的铁闸砸烂脑袋。他换马急返,气急之下,调集火炮轰城。

眼看城池将破,铁铉居然把朱元璋的画像悬挂城头,又亲自书写一大堆的朱元璋神主灵牌,把它们分置垛口。燕军一看傻眼了,这谁还敢开炮,即使朱棣也不敢啊。那是开国皇帝,是他的父亲啊!

朱棣在旁人劝谏下解围而去,从此南伐不敢再取道济南。

朱棣兵锋所指,大多势如破竹,他攻击铁铉守护的济南城而失利,是这位永乐大帝一生为数不多的一场败绩。此地百姓更是称铁铉为"城神"。

智慧精要:

两军对垒,敌强我弱,看似必输的局面,一旦换一种思路,豁得出去,就有赢的可能。铁铉就是这么做的,让朱棣投鼠忌器,从而保下了一座城池。

铁铉一介书生，一名文官，干的却是武将的活儿，而且还干得奇计百出，赢得漂漂亮亮，一看就不是那种读死书的人。我们做事也不能仅仅衡量强弱对比，对方实力强过自己就觉得必输无疑。鼓起勇气，换种思路，就是另一番天地。

汤和交权抽身，免遭屠戮，得保尊荣

汤和不仅是大明的功臣，更是朱元璋儿时的玩伴。从另一层面而言，汤和堪称朱元璋的引路人。当年，汤和在郭子兴麾下担任马队千户时，便多次诚邀朱元璋加入他们的队伍。

尽管汤和年长于朱元璋，且起初官职也高于他，但他从不以此自居，反而在所有事务上都愿意听取这位比自己小三岁的朱重八的意见。

两人是情同手足的好兄弟，一同饮酒谈笑，共谋天下大事。尽管汤和的战功或许不如徐达、常遇春等人那般显赫，但他所统领的部队，始终是朱元璋最为信赖的淮西精锐之师。

诚然，朱元璋因多疑而常苛责功臣，但作为帝王也是无奈之举。并非只能共患难而不能同富贵，而是这江山之上，只能有一位主人。

对于功臣而言，若想保住生命和财产，就必须懂得审时度势，知道何时该进，何时该退。

洪武二十二年，汤和上书请求告老还乡，言："臣随陛下南征北战数十年，如今年事已高，思乡情切，望能落叶归根。臣已在淮西濠州钟离老家备好坟茔，恳请陛下恩准，容臣携家眷回乡安度晚年。"

朱元璋闻讯，特命人在濠州为这位老战友建造宅邸，并赐予金银布匹、田庄房产，其妻女亦获封诰命官职，使他得以在家乡享受悠闲的富贵生活。

智慧精要：

在权力与荣誉面前，汤和懂得适时退让，以保全自身与家族的安宁。这告诉我们，在人生的不同阶段，应有不同的追求与取舍。面对权力的诱惑，更应保持清醒的头脑，明白"月满则亏，水满则溢"的道理。适时放手，是一种智慧。在人生的旅途中，我们也应学会审时度势，适时调整自己的步伐，方能在复杂多变的世界中，找到属于自己的安稳步调。

第九章 不要悔，从败局中找到制胜路
——变局中总结经验与教训的要略

在变局中遭遇失败，切勿悔恨。要从败局中汲取经验教训，总结要略，为下一次挑战蓄力。历史告诉我们：只有不断反思与成长，才能最终制胜。

遭受劫难，志气不堕，文王拘而演周易

商朝末期，周国的领袖周文王姬昌因为贤明而受人爱戴，也因为受人爱戴而遭到商纣王的猜忌。

商纣王于是找了个理由，把姬昌抓起来，囚禁在羑里。

姬昌的长子伯邑考不听周国老臣的劝阻，执意去见商纣王求情。他走之前，交代弟弟姬发代理朝政。

姬昌被囚在羑里，还在坚持钻研《易经》，商纣王觉得姬昌虽然被囚，仍旧心气不堕，很可怕。于是，纣王就把前来替父求情的伯邑考杀了，做成肉羹，送去给姬昌吃。纣王笑着说："圣人是不会吃自己儿子的肉的，姬昌钻研《易经》，我要看看姬昌知道不知道自己吃的是什么！"

其实姬昌通过卜筮，早已知道长子被杀，用他的肉做的肉羹马上就要送到自己跟前来了。但是，当肉羹送上来后，他仍旧吃进嘴里，假装不知。于是纣王觉得姬昌不过是欺世盗名的骗子，实在不值一提。所以后来当周国大臣送他珍宝美人，请求释放姬昌的时候，纣王指着美女说："仅此一物就足够了，何况宝物还这么多。"于是不但放了姬昌出狱，还赐给他弓矢斧钺，使姬昌得到专政大权。

姬昌在被囚禁的七年暗无天日的日子里，不但没有怨天尤人，虚耗光阴，还潜心钻研《周易》，把八卦推演为六十四卦，继承并发展了易学。

智慧精要：

姬昌遭受无妄之灾，身陷牢狱，性命堪忧；又因为自己而造成长子被

杀,且被逼食长子之肉,这样的困顿和逼迫之下,周文王人性不失,心气不堕,还能够潜心钻研学问,这本身就是非常值得人崇敬的事。

人生之路,本就布满荆棘,小磕碰、大坎坷,皆是常态。面对困境,唯有提起一股不屈之气,方能继续前行。周文王姬昌的故事,正是对这种精神的最好诠释。他用自己的行动告诉我们,无论遭遇何种磨难,只要心中有光,脚下就有路,就能在逆境中绽放出生命中最耀眼的光芒。

饱受打击不失望,姜子牙八十辅周

《封神演义》里的姜子牙三十二岁时上昆仑山学艺,七十二岁时被师尊告知无缘仙道,劝他回凡间享受富贵。

事实上,他下凡之后,不但没有享受富贵,反而历尽挫折,饱受打击。

他下山入凡后,孑然一身,衣食无着,只好去投奔朝歌结义仁兄宋异人。

宋异人待他极好,替他做媒,娶了六十八岁的马氏。

马氏劝他做些生意,不能老是靠着朋友接济过日子。于是姜子牙就学习编笊篱,然后挑出去卖。结果却一个也卖不出去。

姜子牙又磨了宋异人家一担干面,挑去卖。可不仅没卖出去,而且还被惊马踢了担子,又来了一阵风,把面刮跑了。他抢救面不及,自己却成了一个面人。回来了他还自生气,又骂马氏:"都是你这人多事!"

两口子上次卖笊篱没成功就吵了一架,这次又大吵了一架。

好朋友宋异人又让他摆摊卖肉——结果天气热,没人上门,肉都臭了。

没办法,宋异人又给他本钱,让他卖猪羊——活牲口总不会臭了吧。结果又碰上朝廷禁止屠猪宰羊。

后来他开了一个算卦摊，出手降了琵琶精，惹出了妲己，妲己为了给琵琶精报仇，要害他。于是原本纣王封了他一个官做，这回他也做不成了，逃回家来，要收拾收拾，和老婆一起逃难去。

但无论怎么说，马氏都不肯："我和你夫妻缘分只到今天，我生长于朝歌，决不往他乡外国去。从今说过，你行你的，我干我的，再无他说。"

结果两个人就此分开了。

就是这么倒霉的一个人。

周文王见纣王无道，决心起兵造反。他需要贤才辅佐，于是就悉心察访，搜罗人才。

这天，他来到渭水边，听见远处传来歌声："……我曹本是沧海客，洗耳不听亡国音。日逐洪涛歌浩浩，夜观星斗垂孤钓。孤钓不如天地宽，白头俯仰天地老。"

文王打听了半天，才找到这支歌的原作者，原来就是在渭水边直钩钓鱼的姜子牙。周文王诚心诚意请姜子牙出山辅佐自己，于是姜子牙八十出山，为周文王和周武王当军师，取得了伐纣的胜利，平定了天下，建立了西周。

智慧精要：

《封神演义》里的姜子牙屡遭失败——学道不成，做生意不成，经营家庭不成，怎么看都是一个失败者。但是他并未因一时的挫折而沉沦，反而在逆境中默默等待着属于自己的舞台出现。一旦机会来临，他的能力就能够支撑起自己的远大志向。

在人生的旅途中，遭遇挫折与失败是难免的，与其在困境中自怨自艾，不如像姜子牙一样，保持积极的心态，等待那个能够让自己大放异彩的机会。只有这样，才能在逆境中寻找到转机，败中求胜，完成"咸鱼翻身"的华丽蜕变。

田忌赛马，败中要有求胜之决心

战国名将孙膑起初遭同门师兄弟庞涓的陷害，被挖去膝盖骨，成为身体残障人士。后来装疯逃得一命，来到齐国。

他到齐国后，做了齐国将领田忌的门客。

田忌经常和齐国的诸公子赛马，采取的是三局两胜制。孙膑注意到他们的马匹的奔跑能力不相上下，如果按照强对强、中对中、弱对弱的排布方式赌赛，田忌赢面并不大。于是孙膑就想了一个法子，并且告诉田忌，只管下大注，并按照自己的法子来赌赛，就能稳赢。

田忌于是就真的下了重注，也真的按照孙膑的法子做了安排：

自己的下等马对对方的上等马，输。

自己的上等马对对方的中等马，赢。

自己的中等马对对方的下等马，赢。

就这样，田忌果然一局负、两局胜，赢得了千金。

孙膑是拿自己的兵法造诣安排了一场小小的马赛赌局。田忌从中领略到他的才能，就把他推荐给齐威王，做了齐威王的军师。

此后他和庞涓在战场上相逢，以谋略杀了庞涓报仇雪恨。

智慧精要：

做事应具备全局观念，理解一时之挫败并不等同于一世之沉沦，一地之失守亦非全盘皆输。为了最终赢得全局的胜利，有时在局部上做出必要的牺牲与让步是明智之举。因此，当面临看似已成定局的失败时，我们不应沉溺于悔恨与沮丧之中无法自拔，而应振作精神，从败局中敏锐地捕捉并挖掘出转败为胜的契机与可能性。

知错就改，浪子回头，周处除三害

西晋时有一个叫周处的人，粗鲁野蛮，动不动就打架斗殴，寻衅滋事，别人都怕他。

刚开始他觉得自己很了不起，但是时间一长就不是滋味了。有一天，他问一位老者："为什么大家看见我就跑呢？"

老人没回答他的话，反而问他："你知道不知道我们这里有三害？"

周处问："是哪三害？"

老人说："我们村子前边的山里有一只猛虎，害得人们不敢进山砍柴，而且还下山吃人，这是第一害；我们村子前边的河里有一条蛟龙，害得人们不敢下河捕鱼，否则就会被吃，这是第二害；至于第三害，那就是你啊。"

周处一听，大眼一瞪："老头子胡说八道！小心我打死你！"老人说："你看看你，天天打打杀杀，跟老虎和蛟龙有什么区别？你问为什么大家看见你就跑，大家不跑，等着被你揍吗？"

周处垂头丧气地回到家里，想了一晚上。第二天一早，他就上山去了，和老虎好一番搏斗，把老虎打死了。然后，他又下到河里，和更加凶险的蛟龙以命相搏，把蛟龙也斩杀了。

当大家知道周处把山上和水里两个大祸害都除掉了，非常高兴，纷纷夸奖他，还把他抬起来游街，夸他是个大英雄。而他在人们一声声的夸赞中，灭了那个恶劣的自己，成了一个全新的自己——他把这第三害，也亲手除掉了。

后来，他就真的弃恶从善，励志好学，在朝廷当了御史中丞，且为官公正廉明。当有人反叛朝廷时，他率军讨伐，最后战死沙场。

> **智慧精要：**
>
> 一个曾经迷失但最终选择改邪归正的人，其转变显得尤为可贵。这类人在人生的旅途中，曾深陷迷雾与彷徨中。然而，他们在内心的激烈挣扎中，勇敢地探索光明，逐渐明辨是非，理解何为正义，何为谬误。
>
> 当他们鼓起勇气，毅然决然地踏上修正人生道路的征途时，这不仅是对过去错误的深刻反思与自我救赎，更是对自我极限的一次勇敢挑战。这是一场没有硝烟的战争，对手不是别人，正是自己。这样的转变，不仅是个人命运的重大转折，更是对人性光辉的深刻诠释。它告诉我们，无论过去如何，只要有心向善，勇于改过自新，就能重获新生，主宰自己的命运。

身处困境，坚定信念，苏武牧羊十八载

苏武是西汉大臣，杰出的外交家，民族英雄。公元前 100 年，他奉命出使匈奴。

就在苏武完成任务要返回时，匈奴发生内乱，苏武一行人受到牵连，被扣留下来。匈奴人要求苏武向他们的单于臣服，许以高官厚禄，却被苏武拒绝了。

随后，匈奴人又把他关进一个露天的大地穴里，严冬时节，断粮断水，以此逼迫他妥协。他渴了就吃雪，饿了就嚼身上穿的老羊皮袄，哪怕冻死饿死，也决不屈服。

单于又把他从地穴里放出来，流放到北海一带，让他去那里放羊。单于说："什么时候这些羊生了羊羔，我就让你回到你的大汉。"可是，他放的羊，全都是公羊。

荒凉的北海边，只有一群羊和他出使匈奴带的一根旌节为伴。他每

天拿着这根旌节放羊，渴了吃雪，饿了找野果充饥，冷了抱着羊取暖。日复一日，年复一年，旌节上的牦牛尾的毛都掉了，成了一根光秃秃的棍子。

十九年过去了，他的须发都白了。当初下命令囚禁他的匈奴单于已经去世，当初命他出使的汉武帝也已经去世。如今是汉昭帝在位。公元前85年，汉昭帝派使者出使匈奴，要求放回苏武等人，可是匈奴却说苏武已经死了。

汉朝又派使者到匈奴。这次，苏武当初带领的使节团里的一个人找到机会告诉使者，苏武还活着。于是使者强硬地要求单于放人，单于只得答应了。

当初苏武出使，随从100多人，这次跟着他回来的只剩下几个人；苏武出使时刚40岁，如今已经成了老翁。公元前81年，苏武终于回到了阔别已久的长安。

智慧精要：

人的一生，鲜少能完全免于艰难困苦的洗礼，关键在于面对人生坎坷时，每个人所秉持的态度。有人怨天尤人，有人一蹶不振，有人灰心丧气，更有甚者，绝望至极。在这众多选择中，苏武的坚韧与不屈显得尤为耀眼。他面对着漫长无期、不知归路的囚禁生涯，以及随后而来的发配、饥饿与严寒的极端考验，却始终保持着一腔热血与铁骨铮铮的不屈。

让我们以苏武为镜，学习他那份不屈不挠、勇往直前的精神。无论遇到何种坎坷与挫折，都保持一颗坚韧不拔的心。

司马迁重刑加身，身残志坚写《史记》

司马迁是中国西汉时期伟大的史学家、文学家、思想家，他的著作《史记》位列二十四史之首。

司马迁在朝廷任职期间，朝中发生了一桩重大事件：大将李陵在与匈奴的激战中陷入重围，终因弹尽粮绝而被迫投降。此消息传来，汉武帝勃然大怒，朝臣们也纷纷对李陵口诛笔伐，李陵一时之间成了众矢之的。

在一片声讨之中，与李陵并无深厚私交的司马迁却挺身而出，试图从战局复杂、情势所迫等角度为李陵辩解。这一举动竟触怒了汉武帝，为自己招来了宫刑的残酷惩罚。司马迁被冠以"欲沮贰师，为陵游说"的罪名，最终被判定为诬罔之罪。

从此，司马迁恶名在身，生不如死。

但是他却没有死。

他很努力地活了下去，因为他有未竟之志。

他的《史记》（最初称为《太史公书》）从太初元年（公元前104年）开始创作，到他受刑的时候（公元前99年），还没写完。

于是他继续写他的《史记》。上至黄帝，下至汉武，3000多年，都入了笔下。前前后后，共14年，成就了中国历史上第一部纪传体通史，12本纪、30世家、70列传、10表、8书，共130篇，52.65万字。

他忍辱含垢，去伪存真，无数的鲜活人物，流淌的时间大河，都被他的笔写活了，凝固在了纸面上。鲁迅更是称此书为"史家之绝唱，无韵之《离骚》"。

在两汉时期，因为它里面记载了好多宫廷秘事，而且价值观与当时正统思想相悖，所以一直被视为"谤书"。当时，这部《史记》整个国家只有两部，一部在宫廷，那是他工作的地方；一部是在家里，他特地誊抄了一份放在家里。

当时学者们或者对它不屑一顾，或者是偷偷觉得好，也不敢说，更不敢给它作注。司马迁的女儿嫁给了杨敞，生下了两个儿子。其中小儿子杨恽无意间读到母亲珍藏的《史记》，越读越爱不释手。他长大成人，朝中封侯，那时候已经是汉宣帝执政了。他上书汉宣帝，进献此书，这才得以让此书重见天日，但是其中篇章已有缺失。

唐朝古文运动大兴，《史记》的价值终于为人所重视和推崇，此后登顶史书之巅。

智慧精要：

司马迁的遭遇，犹如一位行者正稳步前行于坦途，却突遭变故，跌落万丈深渊，身受重伤，痛不欲生。然而，在这生死存亡之际，司马迁没有放弃宝贵的生命，也未选择沉沦于绝望的深渊中浑浑噩噩度日。相反，他以超乎常人的坚韧与毅力，毅然决然地踏上了一条前无古人的艰难道路，致力于完成一项宏伟的史学巨著。

他忍受着身心的巨大痛苦，以笔为剑，书写着历史的真实与辉煌。司马迁的故事，是对人类不屈不挠精神的颂歌，激励着我们每一个人，在面对生活的困境与挑战时，都要保持一颗勇敢的心。

李世民从谏如流，以史为鉴知兴亡

唐太宗李世民是历史上有名的明君，他做得最好的事情就是"纳谏"。

有一次，唐太宗到九成宫，随行的宫女住在围川县的官舍里。宰相李靖和王珪来后，当地县令就把宫女迁到别处，给宰相让出地方。唐太宗很生气："我的宫人住在这儿怎么了？为什么要看不起她们？小小县令，作威作福，实在可恨。"然后就要下旨惩罚这个县令。

魏徵止住了他："李靖、王珪都是朝廷大臣，宫人不过是服侍您的仆役。朝廷大臣下到地方，县令就要向他们请示汇报；大臣回到朝中，陛下也要向大臣询问民间疾苦。所以官舍本来就应当是接待朝廷官员的，这件事合情合理。宫人只不过服侍您的生活小事，又不需要住在官舍里接待来访的客人。如因此惩罚县令，天下人会不满的。"李世民听后便不去惩罚县令了。

他就是这样一个从谏如流的君主，所以他主政的时代，谏臣济济，其中光魏徵一人，短短数年，就提了200多条意见。可以说魏徵的敢言直谏成就了李世民"仁君"的一世英名；当然了，李世民的虚心纳谏也成就了魏徵的"直言敢谏"之臣的一世英名。

李世民之所以这样做，自然是为了稳固江山，使得国家在自己的统治下，能够国泰民安；而驱使他这样做的原因，自然是前朝那么多君王一意孤行导致国家倾覆的事例摆在前面。总结了前人的经验教训，就可

以使自己的道路走得更顺畅。

智慧精要：

李世民，以其博大的胸怀与不懈的进取精神著称，他深谙历史之镜，善于从中汲取智慧与教训。因此，在治国理政的道路上，他始终秉持着礼贤下士、虚心纳谏的高尚品质，广开才路，集思广益。

李世民之所以能在历代帝王中脱颖而出，荣登"明君榜"，关键就在于此。

一个伟大的领导者，不仅需要具备超凡的才能与智慧，更需要善于总结经验和教训，既包括自己的，也包括他人的。